Laserschweißbarkeit von laseradditiv gefertigten Aluminiumbauteilen

Vom Promotionsausschuss der
Technischen Universität Hamburg
zur Erlangung des akademischen Grades

Doktor-Ingenieur (Dr.-Ing.)

genehmigte Dissertation

von
Frank Beckmann

aus
Hamburg

2024

1. Gutachter:		Herr Prof. Dr.-Ing. Claus Emmelmann
2. Gutachter:		Herr Prof. Dr.-Ing. Wolfgang Hintze

Tag der mündlichen Prüfung: 08.04.2024

Light Engineering für die Praxis

Reihe herausgegeben von

Claus Emmelmann, Hamburg, Deutschland

Technologie- und Wissenstransfer für die photonische Industrie ist der Inhalt dieser Buchreihe. Der Herausgeber leitet das Institut für Laser- und Anlagensystemtechnik an der Technischen Universität Hamburg. Die Inhalte eröffnen den Lesern in der Forschung und in Unternehmen die Möglichkeit, innovative Produkte und Prozesse zu erkennen und so ihre Wettbewerbsfähigkeit nachhaltig zu stärken. Die Kenntnisse dienen der Weiterbildung von Ingenieuren und Multiplikatoren für die Produktentwicklung sowie die Produktions- und Lasertechnik, sie beinhalten die Entwicklung lasergestützter Produktionstechnologien und der Qualitätssicherung von Laserprozessen und Anlagen sowie Anleitungen für Beratungs- und Ausbildungsdienstleistungen für die Industrie.

Frank Beckmann

Laserschweißbarkeit von laseradditiv gefertigten Aluminiumbauteilen

Frank Beckmann ⓘD
Technische Universität Hamburg
Hamburg, Deutschland

ISSN 2522-8447   ISSN 2522-8455 (electronic)
Light Engineering für die Praxis
ISBN 978-3-662-69527-2   ISBN 978-3-662-69528-9 (eBook)
https://doi.org/10.1007/978-3-662-69528-9

Die Deutsche Nationalbibliothek verzeichnet diese Publikation in der Deutschen Nationalbibliografie; detaillierte bibliografische Daten sind im Internet über https://portal.dnb.de abrufbar.

Springer Vieweg ist ein Imprint der eingetragenen Gesellschaft Springer-Verlag GmbH, DE und ist ein Teil von Springer Nature.
Die Anschrift der Gesellschaft ist: Heidelberger Platz 3, 14197 Berlin, Germany

Wenn Sie dieses Produkt entsorgen, geben Sie das Papier bitte zum Recycling.

Vorwort

Die vorliegende Arbeit entstand im Rahmen meiner Tätigkeit als wissenschaftlicher Mitarbeiter am Institut für Laser- und Anlagensystemtechnik (iLAS) der Technischen Universität Hamburg (TUHH) sowie bei der Laser Zentrum Nord GmbH (LZN) sowie der Fraunhofer Einrichtung für additive Produktionstechnologien (IAPT).

Mein besonderer Dank gilt meinem Doktorvater, Herrn Prof. Dr.-Ing. Claus Emmelmann, Leiter des Instituts für Laser- und Anlagensystemtechnik der Technischen Universität Hamburg, sowie der Laser Zentrum Nord GmbH und des Fraunhofer IAPTs für die intensive Betreuung der Arbeit sowie die langjährige und stets vertrauensvolle Zusammenarbeit. Weiterhin möchte ich Herrn Prof. Dr.-Ing. Wolfgang Hintze, Professor für Produktionstechnik am Institut für Produktionsmanagement und -technik der TUHH für die Übernahme des Korefates danken. Herrn Prof. Ralf God, Leiter des Instituts für Flugzeug-Kabinensysteme der TUHH danke ich für die Übernahme des Prüfungsvorsitzes.

Großer Dank gilt auch allen Kolleginnen und Kollegen während der gemeinsamen Zeit am iLAS, LZN und IAPT. Der kollegiale Zusammenhalt, der fachliche Austausch und die große Hilfsbereitschaft waren stets motivierend und wichtig für das Vorankommen in dieser Arbeit. Besonders hervorheben möchte ich Herrn Robert Lau für vielfältige fachlichen Unterstützung, Herrn Malte Becker für umfangreiche messtechnische Unterstützung und Herrn Dr. Dirk Herzog für intensive fachliche und formale Unterstützung in der finalen Korrekturphase der Arbeit. Bedanken möchte ich mich zudem bei Prof. Dr.-Ing. Ralf-Eckhard Beyer, für die gewährten Freiräume sowie den steten Ansporn in der finalen Phase der Promotion.

Weiterhin gilt mein Dank allen wissenschaftlichen Hilfskräften, Studien- und Abschlussarbeitern, die einen relevanten Beitrag zur Erstellung dieser Arbeit geleistet haben.

Abschließend möchte ich mich bei meiner Familie und meinen Freunden bedanken, die stets mit Motivation und Unterstützung zum Gelingen der Arbeit beigetragen haben und auf den ein oder anderen Urlaub oder ein gemeinsames Wochenende zugunsten dieser Doktorarbeit verzichtet haben.

Hamburg, im April 2024   Frank Beckmann

Zusammenfassung

Die additive Fertigung von Aluminiumbauteilen im sogenannten pulverbettbasierten Laserschmelzprozess (engl. L-PBF) hat bereits eine weite Verbreitung in der industriellen Praxis erlangt. Hierbei werden die Bauteile jedoch in der Regel alleinstehend genutzt oder mittels Schrauben, Kleben oder Nieten in Gesamtstrukturen eingebunden. Eine stoffschlüssige Verbindung von L-PBF-Bauteilen untereinander oder mit konventionell gefertigten Strukturen mittels Laserstrahlschweißen würde weitere Anwendungspotentiale eröffnen, ist bisher jedoch kaum erforscht. Schweißversuche an Aluminium-LPBF-Material zeigen eine sehr hohe Schweißnahtporosität, die die Grenzwerte der gültigen Norm weit übersteigt und aktuell einem industriellen Einsatz entgegen steht.

Im Rahmen dieser Dissertation wird somit ein tiefgehendes Verständnis über die Laserschweißbarkeit von laseradditiv gefertigten erarbeitet und Methoden entwickelt, um diese zu optimieren. Hierfür erfolgt eine werkstoffkundliche Eingrenzung der Porenursache. Über die mikroskopische Gefügeanalyse, die Elementaranalyse und die Wasserstoffanalyse wird der hohe Wasserstoffgehalt des Materials als Porenursache identifiziert.

Aus Basis dieser Erkenntnis wird die Schweißeignung der L-PBF-Bauteile in drei Bereichen analysiert und optimiert. In der Schweißprozessanalyse werden Laserschweißparameter sowie angepasste Systemtechnik, wie Doppelfokusoptiken, Strahlpendelung und Ring-Mode-Laser erforscht und die Porenentstehung sowie deren Ausgasung positiv beeinflusst.

Über eine Optimierung des L-PBF-Prozesses wird der Ursache der Nahtporosität, der hohe Wasserstoffgehalt des L-PBF-Materials bereits in der Entstehung der Bauteile entgegengewirkt. Hierfür werden Einflüsse des Pulverzustandes sowie unterschiedlicher Pulvertrocknungsmethoden erforscht. Weiterhin werden Empfehlungen aufgestellt, die entlang der L-PBF-Prozesskette den Wasserstoffeintrag ins Material und somit die Porenursache minimieren.

Additiv gefertigter Bauteile bieten besondere Freiheitsgerade bei der Bauteilgestaltung. Im dritten Analysebereich, der Konstruktion, werden die sich hieraus ergebenden Vereinfachungspotentiale, aber auch Herausforderungen auf die laserschweißgerechte Bauteilgestaltung erforscht. Darauf aufbauend werden Konstruktionsrichtlinien erarbeitet, die dem Konstrukteur die prozessgerechte Gestaltung dieser Baugruppen erleichtern.

Anhand von Probekörpern sowie einer industriellen Baugruppe werden die Erkenntnisse der drei vorgenannten Einzelanalysen kombiniert und die sichere Erreichung normgerechter Schweißergebnisse demonstriert.

Die Erkenntnisse dieser Arbeit ermöglichen das normgerechte Laserstrahlschweißen von Aluminium-L-PBF-Bauteilen. Hiermit wird es ermöglicht dieser Bauteile untereinander zu verbinden, sowie die Einbindung der Bauteile in konventionell gefertigte Strukturen. Durch neuen Hybridbauweisen, bei denen hochfunktionale L-PBF-Segmenten, mit kostengünstigen konventionellen Segmenten kombiniert werden entstehen wirtschaftlich und funktional optimierte Gesamtbaugruppen. Die Ergebnisse dieser Arbeit lassen sich in weiten Teilen auch auf andere Schmelzschweißverfahren, z.B. das Metall-Schutzgas-Schweißen übertragen.

Inhaltsverzeichnis

Abkürzungsverzeichnis

2D	zweidimensional
3D	dreidimensional
CAD	Computer Aided Design
CNC	Computerized Numerical Control
DIN	Deutsches Institut für Normung
EDX	Energiedispersive Röntgenspektroskopie
LAM	Laser Additive Manufacturing / laseradditive Fertigung
L-PBF	Laser powder bed fusion / pulverbettbasiertes Schmelzen mittels Laser
MSG	Metall Schutzgas
ppm	Parts per Million
REM	Rasterelektronenmikroskop
SLM	Selective Laser Melting
SPP	Strahlparameterprodukt
STL	Standard Tesselation Language
WEZ	Wärmeeinflusszone

Nomenklatur

Symbol	Beschreibung	Einheit
a	Düsenabstand	mm
A_f	Einstrahlfläche	mm²
b	Strahlversatz	mm
C	materialabhängige Konstante der Einschweißtiefe	
d	Abstand Doppelfokus	mm
d_{min}	Blechdicke (min.)	mm
d_{Faser}	Faserdurchmesser	µm
D	Diffusionskoeffizient	cm²/s
D_s	Schichtdicke	µm
E_s	Streckenenergie	J/m
f_0	Fokusdurchmesser	µm
f	Brennweite	mm
F_{Pendl}	Pendelfrequenz	1/s
F_{Puls}	Pulsfrequenz	1/s
h	Kantenversatz	mm
h_s	Hatchabstand	mm
$H_{Füg}$	Kosten des Fügeprozesse	€
H_{Hyb}	Herstellkosten der hybriden Baugruppe	€
H_{Konv}	Herstellkosten der konventionellen Komponente	€
H_{LPBF}	Herstellkosten der L-PBF-Komponente	€
I	Intensität	W/mm²
P_L	Laserstrahlleistung	W
P_{Lmax}	maximale Laserstrahlleistung	kW
R	Porenradius	µm
R_0	initialer Porenradius	µm
s	Spalt zwischen Fügepartnern	mm
t	Einschweißtiefe	mm
t_h	Haltedauer Ofenprozess	min
t_p	Pulsdauer	s
T_{Vor}	Vorwärmtemperatur	°C
v_s	Vorschubgeschwindigkeit	m/min
w_0	Strahltaillenradius	Mm

X	Diffusionslänge	mm
z_f	Fokuslage	mm
z_r	Rayleighlänge	mm
α	Einstrahlwinkel	°
β	Kamerawinkel	°
θ	Divergenzwinkel	°
σ	Normalspannung	N/mm^2
σ_{max}	maximale Normalspannung	N/mm^2

1 Einleitung und Motivation

Die laseradditive Fertigung (LAM; engl. Laser Additive Manufacturing) von Metallbauteilen hat den Weg in eine Vielzahl industrieller Anwendungen gefunden. Von besonderer Relevanz ist dabei das pulverbettbasierte Schmelzen mittels Laser (L-PBF; engl. Laser powder bed fusion). Das Verfahren ermöglicht hochqualitative Bauteile mit Materialdichten von annähernd 100 % und Werkstoffeigenschaften, die vergleichbar zu konventionell gefertigtem Material sind. Der Vorteil gegenüber konventionellen Fertigungsverfahren ergibt sich aus der kurzen und werkzeuglosen Prozesskette, die eine schnelle Bereitstellung von Prototypen, Ersatzteilen aber auch Serienbauteilen ermöglicht. Weiterhin ermöglicht das Verfahren eine bisher nicht gekannte geometrische Gestaltungsfreiheit, die maximalen Leichtbau und die Realisierung neuartiger Funktionen in einem Bauteil ermöglicht. Typische Anwendungen sind zum Beispiel topologieoptimierte Strukturelemente für die Luftfahrt, patientenindividuelle Implantate, hocheffiziente Wärmetauscher und vieles mehr [Woh21]. Damit ist das Laserstrahlschmelzen aktuell das am weitesten verbreitete Metalldruckverfahren mit einem Anteil von über 80 % der installierten Maschinen und hat auch für die kommenden Jahre prognostizierte jährliche Wachstumsraten von ca. 20 % beim Umsatz der verkauften Maschinen [AMP23].

Im Zuge der weiteren Verbreitung des L-PBF-Verfahrens gewinnt auch die schweißtechnische Verbindung der additiv gefertigten Bauteile an Relevanz. Dies wird zum Beispiel nötig, wenn additiv gefertigte Bauteile in eine Gesamtstruktur, z. B. eine Fahrzeugkarosserie oder eine Baugruppe im Maschinenbau eingebunden werden sollen. Weiterhin kann die Fügetechnik Anwendung finden, wenn Bauteile mehrteilig gedruckt werden müssen, da die Bauraumgröße verfügbarer Maschinen überschritten wird. Zudem kann eine intelligente hybride Bauweise, d. h. die schweißtechnische Verbindung eines additiv gefertigten Segmentes mit einem konventionell gefertigten Segment, die Wirtschaftlichkeit in vielen Anwendungen verbessern. Durch die limitierten Aufbauraten zwischen 2 und 170 cm³ pro Stunde [SLM22, Tru22] und die daraus resultierenden Maschinenlaufzeiten und -kosten ist das L-PBF-Verfahren für kleine Bauteile hoher Komplexität prädestiniert, nicht jedoch für einfache und große Strukturen. Diese werden kostengünstiger mit klassischen Verfahren hergestellt und mit den additiven Segmenten zu einer funktions- und kostenoptimierten hybriden Baugruppe gefügt. Als Fügeverfahren für additiv gefertigte Metallbauteile ist das Laserstrahlschweißen besonders geeignet. Es zeichnet sich durch filigrane Nähte und eine minimale Wärmeeinbringung aus [Dil05]. Damit ist es in der Lage, auch feine Strukturen, wie sie in der additiven Fertigung angestrebt werden, zerstörungsfrei und verzugsarm mit einem hohen Automatisierungsgrad zu fügen.

Bisher liegen jedoch nur wenige Erkenntnisse zum Laserstrahlschweißen von L-PBF-Bauteilen vor. Eigene Versuche zeigen an verschiedenen laseradditiv gefertigten Werkstoffklassen wie Stahl, Inconel oder Titan eine gute Schweißbarkeit [Bec20, Hoe20]. Herausforderungen treten jedoch beim Laserstrahlschweißen von laseradditiv gefertigten Aluminiumlegierungen auf. Dort kommt es zu einer signifikanten Porenbildung, die die Grenzwerte der gültigen Norm weit überschreitet, sodass ein Einsatz dieser gefügten Bauteile kritisch ist [DIN21]. Aluminium hat jedoch eine große Bedeutung in der

© Der/die Autor(en), exklusiv lizenziert an
Springer-Verlag GmbH, DE, ein Teil von Springer Nature 2024
F. Beckmann, *Laserschweißbarkeit von laseradditiv gefertigten Aluminiumbauteilen*,
Light Engineering für die Praxis, https://doi.org/10.1007/978-3-662-69528-9_1

L-PBF-Fertigung und auch der schweißtechnischen Einbringung der Bauteile durch die weite Verbreitung des Werkstoffs im Automobilbau.

Das Ziel dieser Arbeit ist somit, ein tiefgehendes Verständnis des Laserstrahlschweißprozesses zu erlangen sowie darauf aufbauend das Erreichen normgerechter Schweißnähte beim Laserstrahlschweißen von laseradditiv gefertigten Aluminiumbauteilen zu ermöglichen.

Das methodische Vorgehen und der Aufbau dieser Arbeit orientieren sich an der Definition der Schweißbarkeit, die sich aus den drei Komponenten Werkstoff (Schweißeignung), Fertigung (Schweißmöglichkeit) und Konstruktion (Schweißsicherheit) zusammensetzt [DIN05]. Aufbauend auf der Auswertung des Standes der Technik erfolgen zunächst eine umfangreiche Werkstoffcharakterisierung und die Ermittlung der Porenursache. Anschließend werden die Einflüsse in den drei vorgenannten Kategorien detailliert analysiert. Begonnen wird mit den Einflussfaktoren des Schweißprozesses auf die Porenbildung. Hierfür wird der klassische Laserschweißprozess analysiert, aber auch Techniken wie die Strahlpendelung, Doppelfokustechnik und der Ring-Mode-Laser werden erforscht. Da die Ursache der erhöhten Nahtporosität im laseradditiv hergestellten Material liegt, werden im folgenden Kapitel Einflüsse entlang der Prozesskette des L-PBF auf den Wasserstoffgehalt des Werkstoffs aufgedeckt und Optimierungspotentiale quantifiziert. Additiv gefertigte Bauteile bieten gänzlich neue konstruktive Möglichkeiten. Diese werden im folgenden Abschnitt für die Herleitung von Gestaltungsrichtlinien genutzt, um den Schweißprozess zu vereinfachen und wirtschaftliche, hybride Baugruppen zu gestalten. Abschließend werden die erforschten Optimierungsansätze sowohl an Probekörpern als auch an einer Demonstratorbaugruppe kombiniert und validiert. Dabei erfolgt die mechanisch-technologische Bewertung der optimierten Prozessführung anhand von Testgeometrien sowie die Umsetzung des Potentials an einer Automobilstruktur.

2 Stand der Wissenschaft und Technik

Dieses Kapitel fasst den Stand von Wissenschaft und Technik der für diese Arbeit relevanten Themenstellungen zusammen und bildet somit die Grundlage für die weiteren Betrachtungen. Hierbei liegt der Fokus auf der laseradditiven Fertigung von Aluminiumbauteilen sowie dem Laserstrahlschweißen dieses Werkstoffs.

2.1 Laseradditive Fertigung von Aluminiumbauteilen

Additive Fertigungsverfahren schaffen, anders als subtraktive und formative Fertigungsverfahren, die Bauteilgeometrie durch sukzessives Aneinanderfügen von Volumenelementen [Geb16]. Es entsteht so Schicht für Schicht das finale Bauteil durch das Verbinden von Material. Hierfür sind weiterhin die Begriffe generative Fertigung, Schichtfertigung, 3D-Druck oder englisch Laser Additive Manufacturing (LAM) gleichbedeutend gebräuchlich. Es gibt dabei eine Vielzahl von additiven Verfahren und Werkstoffen, die in der DIN EN ISO/ASTM 52900 sowie DIN EN ISO 17296-2 dargestellt und gegliedert sind [DIN22, DIN16]. Der Fokus dieser Arbeit liegt auf dem Laserstrahlschmelzen von Aluminiumlegierungen (L-PBF) als einem Verfahren mit größtem Marktanteil und höchstem Reifegrad unter den additiven Metalldruckverfahren [AMP23]. Aluminium als Werkstoff der Betrachtung ergibt sich ebenfalls aus dem großen, branchenübergreifenden Anwendungspotential sowie den werkstoffspezifischen Herausforderungen beim Schweißen, die im Zuge der Arbeit adressiert werden.

2.1.1 Verfahrensgrundlagen des L-PBF

Das Laserstrahlschmelzen, engl. Laser Powder Bed Fusion (L-PBF), früher Selective Laser Melting (SLM) genannt, gehört zu den pulverbettbasierten additiven Fertigungsverfahren [DIN22]. Durch den schichtweisen Aufbau werden komplexe 3D-Geometrien in einfache 2D-Schichtdaten überführt und so die Herstellung von diffizilen Strukturen, z. B. filigrane Gitter oder Hinterschnitte ermöglicht, die mit konventionellen Fertigungsverfahren nicht oder nur sehr aufwändig umsetzbar wären. Das vollständige Aufschmelzen und schnelle Erstarren eines einkomponentigen Pulverwerkstoffs mittels Laser erzeugen dabei feinkörnige Metallgefüge mit hohen Festigkeitseigenschaften. Durch die direkte Herstellung aus dem CAD-Datensatz entfallen investitionsintensive Werkzeuge, wie man sie z. B. beim Gießen oder Tiefziehen verwendet. Limitiert ist das Laserstrahlschmelzen aktuell noch in der Vielfalt der qualifizierten Werkstoffe, der eingeschränkten Produktivität mit einer Baurate von aktuell max. ca. 170 cm³/h sowie begrenzten Maschinen und somit auch Bauteilgrößen [SLM20]. Die Maschinen haben in der Regel Bauräume in der Größe zwischen zylinderförmigen Ø 100 mm x 95 mm und quaderförmigen 800 mm x 400 mm x 500 mm bzw. 500 mm x 280 mm x 875 mm (x, y, z) [GE 20, EOS 20, SLM 20].

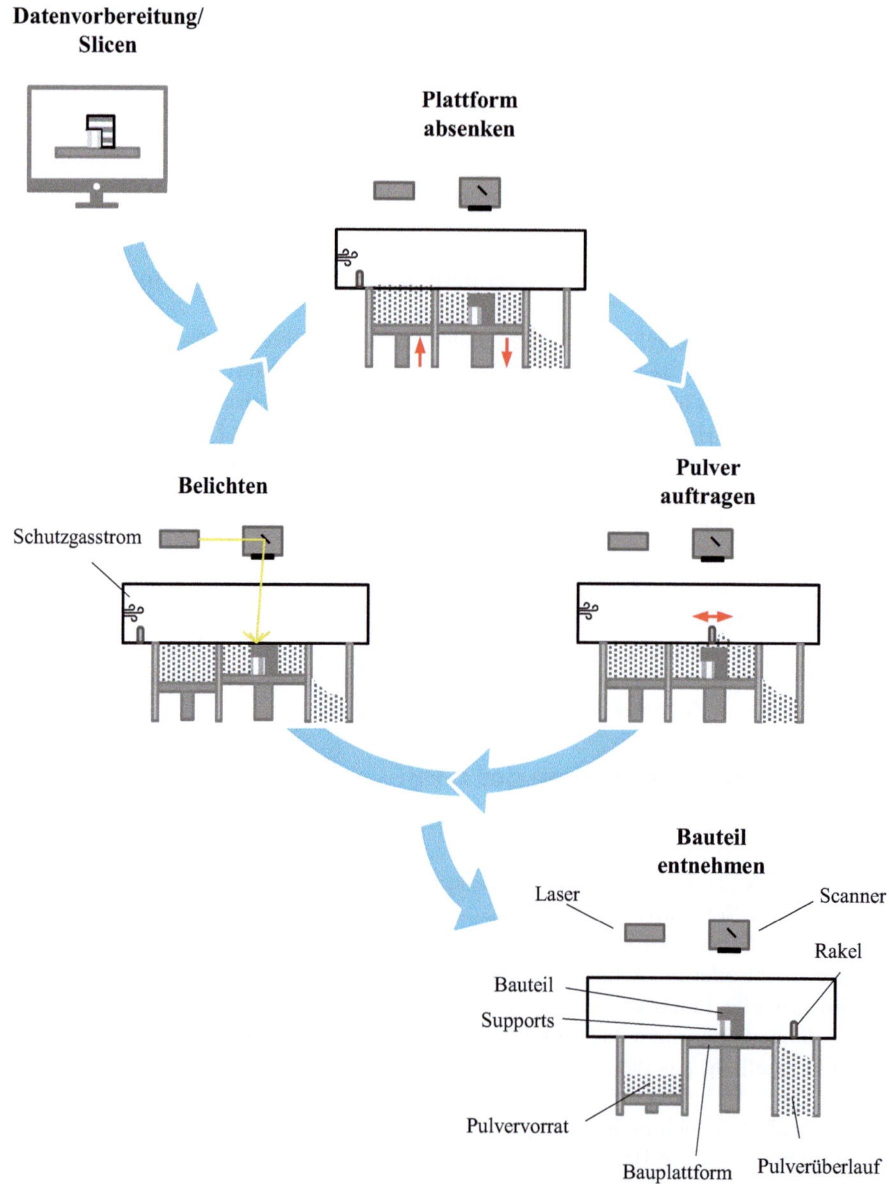

Abbildung 2-1: Verfahrensprinzip des Laserstrahlschmelzens (L-PBF) in Anlehnung an [Lei04]

Gemäß Abbildung 2-1 beginnt die Prozesskette des L-PBF mit der Geometrieerstellung im klassischen 3D-CAD-System. In der folgenden verfahrensspezifischen Datenvorbereitungssoftware wird das Bauteil virtuell für den Prozess vorbereitet. Die CAD-Daten werden dabei in das verfahrensspezifische STL-Format (Standard Tesselation Language) konvertiert und von einem Volumenmodell in eine Abbildung der Oberfläche mittels Dreiecksflächen überführt. Es erfolgt die Ausrichtung des Bauteils für eine optimale Aufbaustrategie u. a. nach den Optimierungskriterien Bauzeit, Kosten, notwendiger

Stützstruktur, Oberflächeneigenschaften, Eigenspannungen etc. [Zäh06, Geb16]. Im nächsten Schritt wird das Bauteil mit Stützstrukturen, auch Supportstrukturen genannt, versehen, die Überhangflächen, also Flächen unter einem Grenzwinkel zur Bauplattform abstützen. Dies ist notwendig, um Schmelzenergie abzuleiten, Eigenspannungen aufzunehmen und das Schmelzbad zu stützen. Je nach Werkstoff und Baustrategie variiert der Grenzwinkel. Die Supportstrukturen sind filigrane Hilfsstrukturen, die aus dem gleichen Material parallel zum Bauteil mitgebaut werden und nach dem Prozess und einem Spannungsarmglühen an vordefinierten Sollbruchstellen entfernt werden. Das Bauteil und die Stützstrukturen werden dann gemeinsam beim sogenannten Slicen in Schichten regelmäßiger Dicke (in der Regel zwischen 20 µm und 90 µm) zerlegt und diese Schichtdaten dann mit einer Scanstrategie, also der örtlichen Abfolge der Belichtung, sowie den Prozessparametern versehen. Gemäß Rehme wirken 157 Einflussgrößen auf die laseradditive Fertigung von Metallbauteilen [Reh07]. Die wichtigsten Prozessparameter sind dabei in der folgenden Abbildung 2-2 veranschaulicht.

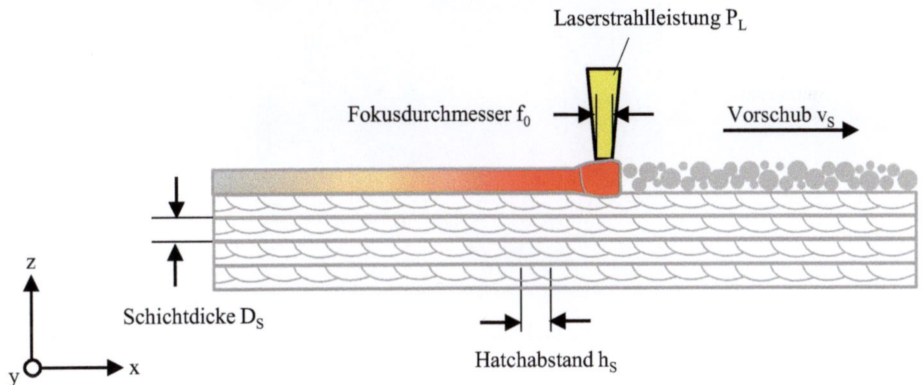

Abbildung 2-2: Prinzipdarstellung des L-PBF-Prozesses mit relevanten Prozessparametern bei einer alternierenden 0°/90°-Belichtungsstrategie (die Vorschubrichtung wird je Schicht um 90° in x-/y-Ebene gedreht)

Der additive Fertigungsprozess läuft gemäß Abbildung 2-1 iterativ. Zunächst wird innerhalb der mit Schutzgas gefluteten Baukammer die erste dünne Pulverschicht auf die Bauplattform aufgetragen und diese dann selektiv dort mit dem Laser geschmolzen, wo das Bauteil oder die Stützstrukturen entstehen. Es entsteht somit eine stoffschlüssige Schweißverbindung zwischen erster Schicht und der darunterliegenden Bauplatte des gleichen Werkstoffs. In allen anderen Bereichen wird das Pulver nicht aufgeschmolzen und kann im Anschluss wiederverwertet werden. Nach erfolgter Belichtung einer Schicht wird die Bauplatte um eine Schichtdicke abgesenkt, eine neue Pulverschicht aufgetragen und diese gemäß den jeweiligen Schichtdaten belichtet. Dieser Prozess wiederholt sich, bis die komplette Bauhöhe erreicht und das Bauteil somit fertiggestellt ist. Im Anschluss werden die mit der Bauplatte verbundenen Bauteile aus der Maschine entnommen, entpulvert, spannungsarm geglüht und anschließend mittels Sägen, Drahterodieren oder Entfernen der verbindenden Supportstrukturen von der Bauplatte abgelöst. Abbildung 2-3 zeigt eine Bauplatte mit Bauteil und Stützstrukturen nach dem Druckprozess. Final werden die Supportstrukturen vom Bauteil entfernt und dieses mittels Sandstrahlen für die direkte Verwendung oder eine folgende finale spanende Bearbeitung fertiggestellt.

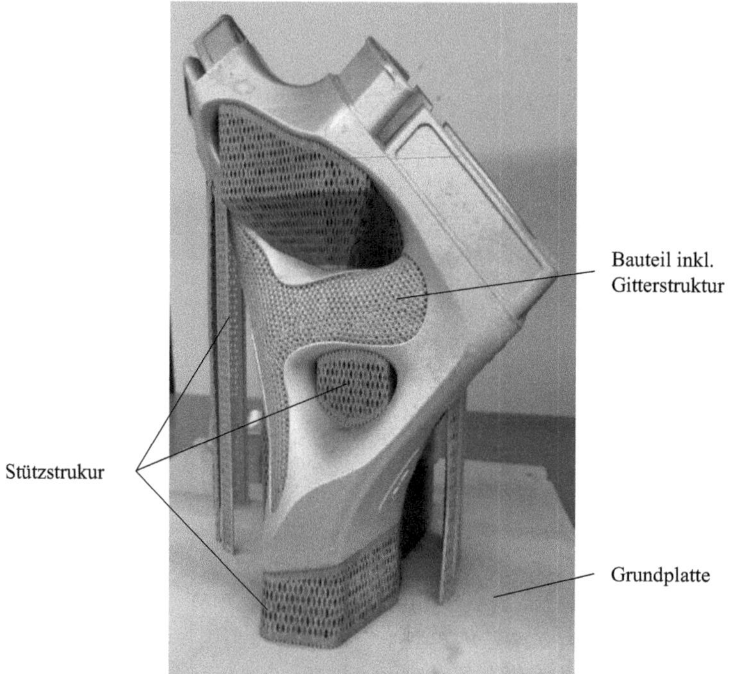

Abbildung 2-3: Bauteil, Grundplatte und Stützstrukturen nach dem Laserstrahlschmelzprozess

2.1.2 Laserstrahlschmelzen von Aluminiumbauteilen

Aluminium ist ein weit verbreiteter Werkstoff im Laserstrahlschmelzen. Er zeichnet sich durch ein robustes Prozessfenster, eine geringe Neigung zu Eigenspannungen und folglich geringe Bauteilverzüge sowie eine hohe Aufbaurate von bis zu 170 cm³/h aus [SLM20]. Aktuell bietet Aluminium die günstigsten volumenbezogenen Pulver- und Bauteilkosten in der L-PBF-Fertigung. Weiterhin bietet der Werkstoff ein breites Anwendungsspektrum u. a. im Bereich Automobilbau, Luftfahrt und Maschinenbau.

Die Aluminiumpulver für den L-PBF-Prozess werden mittels Gasverdüsung hergestellt [Sey18]. Gängige L-PBF-Aluminium-Legierungen sind die bekannten Gusslegierungen AlSi12, AlSi7Mg0,6 und insbesondere AlSi10Mg. Darüber hinaus gibt es Spezi-allegierungen wie CustAlloy®, Scalmalloy®, SimagAL® oder AlMgty®, die speziell für den L-PBF-Prozess entwickelt wurden [APW20, EDA20, Sch20, Feh23]. In der folgenden Tabelle 2-1 werden die beiden Legierungen AlSi10Mg und AlSi12 mit ihren Eigenschaften dargestellt, da diese im Rahmen der Arbeit aufgrund ihrer größten Anwendungsrelevanz im Fokus stehen. Der Fokus der industriellen Anwendung verschiebt sich dabei zunehmend von der Legierung AlSi12, die zu Beginn der 2010er Jahre noch breite Anwendung hatte, in Richtung AlSi10Mg, dem heutigen Standardwerkstoff. Sowohl AlSi12 als auch AlSi10Mg sind aufgrund des gutmütigen Erstarrungsverhaltens sowie der guten Schweißeignung als Gusslegierung für den L-PBF-Prozess adaptiert worden. Hierbei besitzt AlSi12 als eutektische Legierung einen fixen Erstarrungspunkt von ca.

577 °C, während die untereutektische Legierung AlSi10Mg ein Erstarrungsintervall aufweist. Die Legierungen weisen weiterhin Unterschiede in Bezug auf die Aushärtbarkeit auf. AlSi12 ist nicht aushärtbar (naturhart), während AlSi10Mg durch die Mg_2Si-Phase aushärtbar ist [Ost98].

Tabelle 2-1: Eigenschaften von laserstrahlgeschmolzenem AlSi10Mg und AlSi12 [Ost98, Buc13, Mei18, EOS20b, SLM20b, SLM20c]

	AlSi10Mg	AlSi12
Legierungsmerkmal	untereutektisch	eutektisch
Erstarrungstemperatur	550 °C-600 °C	577 °C
Wärmeleitfähigkeit	120-180 W/(m*K)	110-160 W/(m*K)
Dichte	2,65 g/cm³	2,65 g/cm³
Elastizitätsmodul	70 kN/mm²	70 kN/mm²
Aushärtbarkeit	aushärtbar	naturhart
Zugfestigkeit*	260-460 MPa	320-429 MPa
Dehngrenze*	140-260 MPa	150-290 MPa
Bruchdehnung*	5-10 %	3-8 %
*Angaben abhängig von der Baurichtung und dem Wärmebehandlungszustand.		

Grundsätzlich zeigt sich für verschiedene untersuchte Aluminiumlegierungen eine gute Prozessierbarkeit im L-PBF-Prozess. Entsprechend beschreibt Buchbinder detailliert das Prozessverhalten sowie die Materialcharakterisierung anhand der Werkstoffe AlSi9Cu und AlSi10Mg im L-PBF-Prozess [Buc13]. Meixlsberger analysiert die Legierungen AlSi12 und AlSi10Mg [Mei18]. Schmidtke führt entsprechende Analysen für die Sonderlegierungen Scalmalloy® und SimagAl® durch. Es zeigen sich breite Prozessfenster der Werkstoffe AlSi9Cu, AlSi10Mg, AlSi12 sowie SimagAl. Es werden dabei Bauteildichten von über 99,5 % ohne Defekte wie Risse oder Bindefehler erreicht [Buc13]. Scalmalloy erfordert hingegen eine enge Spezifikation und Erfüllung der Pulvercharakteristik, um stabile Prozessergebnisse zu liefern [Sch20].

2.1.3 Verfahrensgerechte Konstruktion für das L-PBF

Die große Gestaltungsfreiheit bei der Auslegung von L-PBF-Bauteilen bildet eines der großen Potentiale dieser Technologie. Es lassen sich mit den neuen Designansätzen signifikante Leichtbaupotentiale heben, aber auch ein hoher Grad an Funktionsintegration erzielen [Emm11, Kla18]. Zur Beherrschung der verfahrensinhärenten Designpotentiale und -grenzen wurden in verschiedenen Arbeiten anhand experimenteller Analysen Fertigungsrestriktionen ermittelt und darauf aufbauend Handlungsempfehlungen für eine prozessgerechte Gestaltung abgeleitet. Kranz erarbeitete einen detaillierten Konstruktionskatalog für L-PBF-Leichtbaustrukturen aus TiAl6V4 und entwickelte eine Methodik zur Konstruktion der Bauteile [Kra17]. Adam entwickelte verfahrensübergreifende Konstruktionsregeln für die Verfahren Selektives Lasersintern, Laserstrahlschmelzen und Fused Deposition Modeling [Ada15]. Die VDI-Richtlinie 3405 definiert Probekörpergeometrien zur Bestimmung von Fertigungslimitationen im L-PBF-Prozess [VDI19]. Kumke entwickelte ein verfahrensspezifisches konstruktionsmethodisches Vorgehensmodell zur Gestaltung von L-PBF-Bauteilen [Kum18]. Schmidt entwickelte eine Methode zur frühzeitigen Bewertung von AM-Funktions- und -Leichtbaupotentialen bereits vor dem Konstruktionsprozess [Sch16]. Diese Erkenntnisse werden in Kapitel 7 aufgegriffen und um explizite Konstruktionsempfehlungen für laserstrahlgeschweißte L-PBF-Bauteile ergänzt und bieten dem Anwender so das nötige Werkzeug für die Gestaltung dieser Bauteile.

2.2 Laserstrahlschweißen

Den schweißtechnischen Betrachtungen dieser Arbeit liegt das Laserstrahlschweißen als Fügeverfahren zu Grunde. Das Fügen mittels Laserstrahlung zeichnet sich gegenüber anderen Schweißverfahren insbesondere durch die konzentrierte Wärmeeinbringung aus. Daraus resultieren eine hohe mögliche Prozessgeschwindigkeit, eine schlanke Naht mit einem hohen Aspektverhältnis von bis zu 10 : 1 (Nahttiefe zu Nahtbreite), eine kleine Wärmeeinflusszone und somit geringe Bauteilverzüge sowie signifikante Reduktion von Richt- und Nacharbeit [Mat06]. Zudem ist es ein berührungsloses Fügeverfahren und gut automatisierbar. Dem gegenüber stehen Nachteile wie hohe Anforderungen an die Nahtvorbereitung und Bauteilpositionierung sowie hohe Investitionskosten der Anlagentechnik und die notwendige Einhaltung von Laserschutzmaßnahmen [Dil05].

2.2.1 Systemtechnik

Ein Laserschweißsystem besteht gemäß Abbildung 2-4 aus den folgenden Hauptkomponenten:

Laserstrahlquelle: Zur Laserstrahlerzeugung sind bei industriellen Schweißanwendungen insbesondere Scheibenlaser und Faserlaser mit Wellenlängen von 1064 nm bzw. 1030 nm im Einsatz. Auch Diodenlaser mit ähnlichen Wellenlängen finden dank der in den letzten Jahren signifikant verbesserten Strahlqualität zunehmend Anwendung, werden jedoch im Rahmen dieser Arbeit nicht genutzt. Alle drei Lasertypen sind für die Strahlführung mit flexibler Lichtleitfaser geeignet. Dies ist bei CO_2-Lasern, der letzten industriell relevanten Laserquelle, aufgrund der um ca. Faktor 10 höheren Wellenlänge von 10,6 µm nicht gegeben [Dil06]. Dies ist ein Grund dafür, dass der Marktanteil dieses Lasertyps für die industriellen Schweißanwendungen von Metallbauteilen signifikant zurückgeht und dieser Lasertyp auch in dieser Arbeit keine Verwendung findet [Bey06].

Strahlführung: Die Strahlübertragung von der Laserstrahlquelle zur Bearbeitungsoptik erfolgt bei Faser-, Festkörper- und Diodenlasern mittels flexibler Lichtleitfasern. Diese sichert die nahezu verlustfreie Übertragung der Leistung bei Wahrung der Strahlqualität und ermöglicht eine flexible Verlegung der Strahlführung und somit auch die einfache Anbindung an flexible Handhabungssysteme wie Industrieroboter [Dil06].

Fokussieroptik: Die Optik fokussiert den Laserstrahl und definiert so den Arbeitsabstand und auch den Fokusdurchmesser. In Ergänzung kann sie optional die Zusatzdraht-

sowie Schutzgaszuführung oder auch Nahtfolgesensoren aufnehmen [Klo07]. Eine gewöhnliche Optik erzeugt einen festen, unveränderlichen runden Laserspot. Spezialoptiken, wie sie in Kapitel 5.4 und 5.5 verwendet werden, sind in der Lage, den Strahl ergänzend zur Vorschubbewegung zu bewegen oder einen Strahl mit einer sogenannten Doppelfokusoptik in zwei einzelne aufzuteilen.

Handhabungsgerät: Um eine Relativbewegung zwischen Bauteil und Optik herzustellen, werden in der Regel gewöhnliche und kostengünstige Industrieroboter oder präzise CNC-Anlagen genutzt, um die Schweißoptik zu führen. Ergänzt wird dies häufig durch einen Dreh-Kipp-Tisch, um auch das Bauteil in eine optimale Schweißposition zu bringen. Robotersysteme zeichnen sich durch ihrer Flexibilität und verhältnismäßig günstigen Anschaffungskosten aus. Aufgrund der Trägheit des Systems sind jedoch bei kurzen Nähten nur Geschwindigkeiten von deutlich unter 10 m/min realistisch. Höhere Geschwindigkeiten sind möglich, jedoch braucht der Roboter dafür eine längere Beschleunigungsstrecke. CNC-geführte Schweißsysteme sind agiler und können je nach System auch höhere Geschwindigkeiten bis über 10 m/min ermöglichen [Mar20]. Die Einbindung von L-PBF-Teilen spricht jedoch eher für Prototypen und Kleinserien, wofür in der Regel langsamere, aber flexiblere Robotersysteme genutzt werden.

Spannvorrichtung: Zur Gewährleistung der korrekten Bauteillage gegenüber der Schweißoptik sowie der Fügepartner zueinander ist eine Schweißvorrichtung notwendig. Diese minimiert weiterhin thermische Bauteilverzüge beim Schweißen und kann Zusatzfunktionen wie die Begasung der Schweißaufgabe beinhalten. Schweißvorrichtungen können flexible modulare Prototypenspannsysteme sein, bis hin zu komplexen, automatisierten Schweißvorrichtungen z. B. für die automobile Großserie [Dil06].

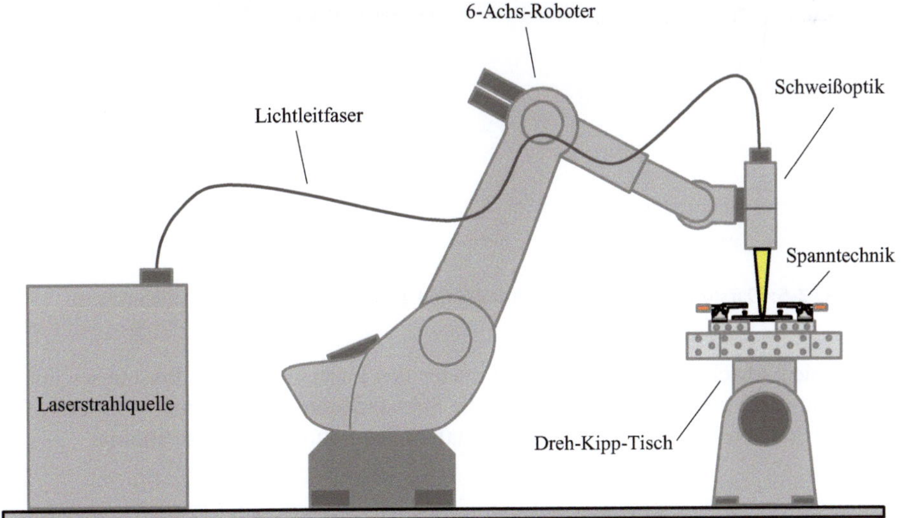

Abbildung 2-4: Grundstruktur eines roboterbasierten Laserschweißsystems

2.2.2 Laserschweißprozess

Unterschieden wird beim Laserstrahlschweißen zwischen den zwei Verfahrensvarianten Wärmeleitungsschweißen und Tiefschweißen, die in Abbildung 2-5 gegenübergestellt sind. Beim Wärmeleitungsschweißen wirkt die Laserstrahlung mit geringer Intensität auf die Werkstoffoberfläche ein und wird in Abhängigkeit vom werkstoffspezifischen Absorptionsgrad und von der verwendeten Wellenlänge in einer dünnen Schicht (kleiner 1 µm) absorbiert, in Wärme umgewandelt und somit das Material aufgeschmolzen [VDI95]. Der Energietransport in das Material erfolgt mittels Wärmeleitung, wodurch ein breites, aber nur 0,5-1 mm tiefes Schmelzbad entsteht [Klo07]. Wird bei dem Verfahren die Intensität im Brennfleck über eine kritische Intensität erhöht (bei Aluminium ca. 5 x 10^6 W/cm²), ändert sich die Verfahrenscharakteristik zum sogenannten Tiefschweißen [Mat06]. Das Material wird dabei nicht nur aufgeschmolzen, sondern durch die hohe eingebrachte Energie sublimiert. Durch den Druck des abströmenden Metalldampfes entsteht eine Dampfkapillare in der Schmelze, das sogenannte Keyhole [Pop05]. Innerhalb des Keyholes bildet sich ein laserinduziertes Metalldampfplasma, das die Strahlung, in Kombination mit der Mehrfachreflexion innerhalb der Kapillare, nahezu vollständig absorbiert und somit die Prozesseffizienz steigert [Klo07]. Zudem werden durch die Dampfkapillare eine große Einschweißtiefe und eine schlanke Naht ermöglicht und das für das Laserstrahlschweißen typische Aspektverhältnis von Nahttiefe zu Nahtbreite von bis zu zehn erreicht [Pop07]. Angestrebt wird in den Untersuchungen dieser Arbeit der Tiefschweißprozess, da er eine hohe Prozesseffizienz, eine günstige Nahtgeometrie und eine kleine Wärmeeinflusszone bietet.

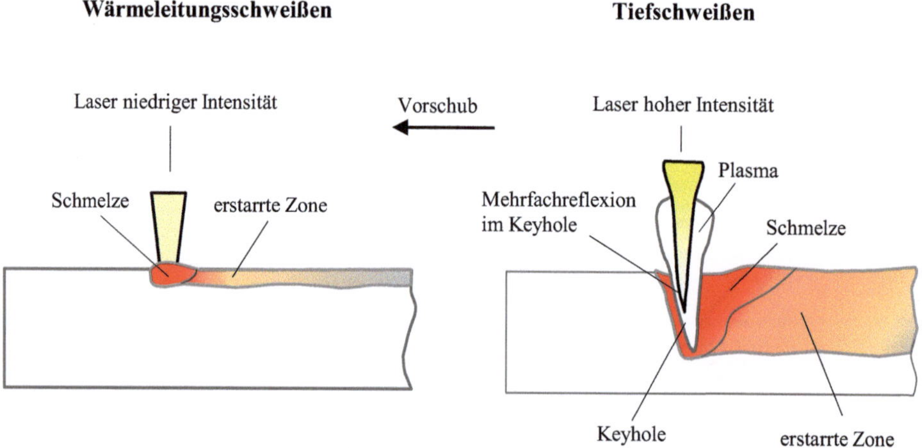

Abbildung 2-5: Darstellung von Wärmeleitungs- und Tiefschweißprozess in Anlehnung an [Fah09]

Im folgenden Abschnitt wird auf die Parameter des Laserstrahlschweißprozesses eingegangen, die einen relevanten Einfluss auf die Schweißnahtqualität haben. Abbildung 2-6 zeigt dabei zunächst die relevanten Eigenschaften des fokussierten Laserstrahls.

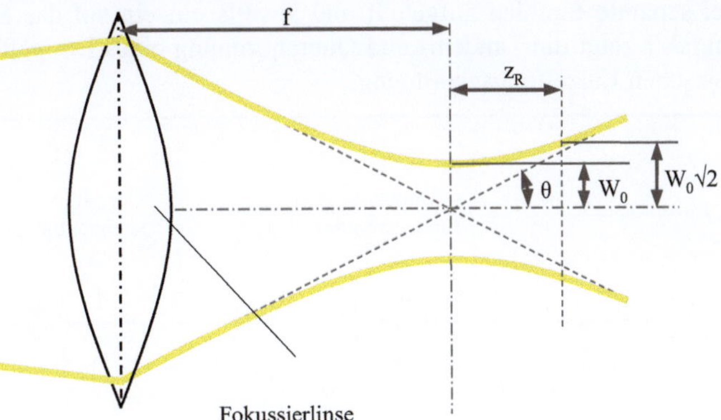

Abbildung 2-6: fokussierter Laserstrahl mit charakterisierenden Kenngrößen in Anlehnung an [Bli13]

Brennweite f: Die Brennweite beschreibt den Abstand zwischen Fokussierlinse und Strahltaille.

Strahltaillenradius w_0: Der Strahltaillenradius beschreibt den kleinsten Radius des Laserstrahls [Klo07]. Er ist neben der Laserleistung der bestimmende Parameter für die Intensität im Fokus. Der doppelte Strahltaillenradius ist der sogenannte Fokusdurchmesser f_0.

Rayleighlänge z_r: Die Rayleighlänge wird in Strahlausbreitungsrichtung von der Strahltaille zu dem Punkt gemessen, an dem die Strahlquerschnittsfläche das Doppelte der Strahltaillenquerschnittsfläche beträgt [Dil00]. Die doppelte Rayleighlänge wird Schärfentiefe genannt [Klo07]. Angestrebt wird eine große Rayleighlänge, da dies die Toleranz gegenüber Verschiebungen der Fokuslage erhöht. In diesem Fall bleibt die Intensität über einen längeren Bereich in einer ähnlichen Größenordnung.

Strahlform und Bewegung: Bei normalen Schweißanwendungen werden runde Laserfoki mit Leistungsmaxima in der Strahlmitte genutzt und mit einer linearen Vorschubbewegung über das Bauteil geführt [Dil06]. Abweichend davon kann man mit angepassten Optiken sowohl die Intensitätsverteilung zum Beispiel zu einer flachen TopHat-Verteilung als auch die Strahlform beispielsweise zu einem Rechteckspot variieren. Im Rahmen dieser Arbeit werden beim Schweißen neben dem klassischen Einzelfokus auch Doppelfokusoptiken, Scanoptiken und auch Ring-Mode-Laser genutzt. Auf deren Funktionsweise und Erfahrungen beim Schweißen von Aluminium wird im Folgenden somit detaillierter eingegangen:

Doppelfokusoptik: Mit einer Doppelfokusoptik lässt sich die Laserenergie einer Laserstrahlquelle auf zwei parallel oder nachfolgend laufende Spots aufteilen und so das Schmelzbad breiter oder länger gestalten [Hoh02]. Hierfür wird der Strahl innerhalb der

Optik auf zwei separate Strahlen aufgeteilt und jeweils einzeln auf das Bauteil fokussiert. Abbildung 2-7 zeigt die Tandem- und Queranordnung eines Doppelfokus im Vergleich zur klassischen Einzelfokusanordnung.

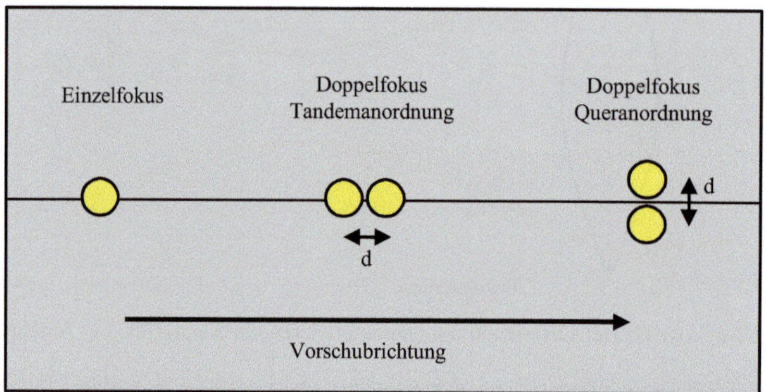

Abbildung 2-7: Anordnung und Abstand der Fokuspunkte bei Einzelfokus, Tandem- und Queranordnung

Die Doppelfokustechnik kann zum Beispiel genutzt werden, um das Schmelzbad zu beruhigen. Aufgrund der hohen Wärmeleitung kommt es beim Schweißen von Aluminium zu dynamischen Schmelzbadveränderungen und Keyholeabschnürungen, die in Form von Prozessporen als Fehlstelle im Material verbleiben. Mit der Doppelfokustechnik soll das Keyhole vergrößert und damit stabilisiert werden. Weiterhin hilft die Doppelfokustechnik die Abkühlgeschwindigkeit zu verlangsamen und so die Rissanfälligkeit zu vermindern [Hoh03, Gre05]. Hohenberger und Gref haben verschiedene Untersuchungen zur Nutzung und Variation der Doppelfokustechnik bei Aluminiumwerkstoffen gemacht und konnten diese Steigerung der Prozessstabilität und Reduktion der Prozessporen nachweisen. Ein Einfluss der möglichen Fokusanordnungen auf die Wasserstoffporen wird nicht gesondert untersucht und deren Vorkommen von Gref in Abhängigkeit von der Menge des aufgeschmolzenen Gusswerkstoffs vermutet [Gre05, Hoh03].

Scanoptiken: Die Strahlpendelung mittels Scanoptiken ist ein Ansatz, um die Naht aufzuweiten, ohne den Laserfokus dabei vergrößern zu müssen. Somit muss der Energieeintrag nicht im gleichen Maße wie bei einer Defokussierung proportional zur Nahtbreite gesteigert werden, was den Verzug minimiert. Hierfür werden spezielle Scanoptiken genutzt, in denen zwei hochdynamisch ansteuerbare Spiegel eine extrem schnelle Ablenkung des Strahls in X- und Y-Richtung auf dem Bauteil ermöglichen. Diese Strahlablenkung kann wie in Abbildung 2-8 dargestellt verschiedene Bewegungsmuster generieren und wird mit der eigentlichen Vorschubbewegung überlagert, was das Schmelzbad in seiner Ausprägung beeinflusst.

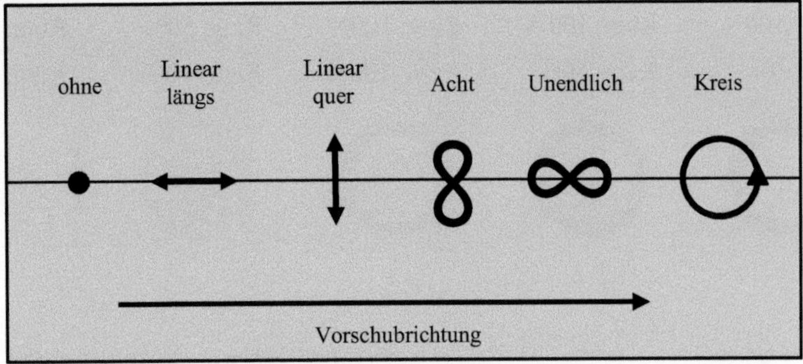

Abbildung 2-8: Beispielhafte Formen der Strahlpendelung

Weberpals und Sommer zeigen in Veröffentlichungen den positiven Einfluss der Strahlpendelung bei der Umsetzung prozessstabiler Nähte mit definierten Nahtbreiten, konstanten Einschweißtiefen und gesteigerter Prozesseffizienz an Aluminiumblechen im Automobilbau [Web15, Som17]. Die Nahtporosität wird dabei nicht betrachtet. Dittrich zeigt eine Porenreduktion durch Strahlpendelung beim Laserstrahlschweißen von Aluminium-Druckgussbauteilen mit Einschweißtiefen von ca. 1 mm. Die genutzten Schweißparameter werden in der Veröffentlichung nicht benannt [Dit16]. Von Standfuß wurde ebenfalls eine deutliche Prozessstabilisierung und Auswurfreduktion beim Laserschweißen mit oszilliertem Strahl nachgewiesen. Geschweißt wurden hierbei in den Hauptversuchen AlMg3-Blechlegierungen. Diese neigen zu deutlich weniger Porenbildung als Guss- oder L-PBF-Werkstoffe. In den Untersuchungen wurde bei einer 1D-Strahloszillation eine erhöhte Porosität festgestellt. Demgegenüber ist diese bei einer 2D-Strahlbewegung in Form einer 8 vergleichbar mit bzw. nur leicht erhöht gegenüber dem stationären Laserstrahl. Bei ergänzenden Versuchen mit einer bewussten Kontamination der Oberfläche mit Flussmittel konnte durch die Strahloszillation mit 2500 Hz eine Reduktion der extremen Porosität erzielt werden [Sta13].

Ring-Mode-Laser: Die verhältnismäßig junge Ring-Mode-Laser-Technologie ermöglicht gegenüber klassischen Lasern, mit nur einem definierten Strahlprofil, eine einstellbare Leistungsverteilung innerhalb des Laserstrahlfokus. Hier kann die Leistung zwischen Strahlzentrum und Ring unabhängig voneinander gesteuert werden und so das Intensitätsprofil im Fokuspunkt justiert werden. Abbildung 2-9 oben zeigt verschiedene mögliche Leistungsverteilungen.

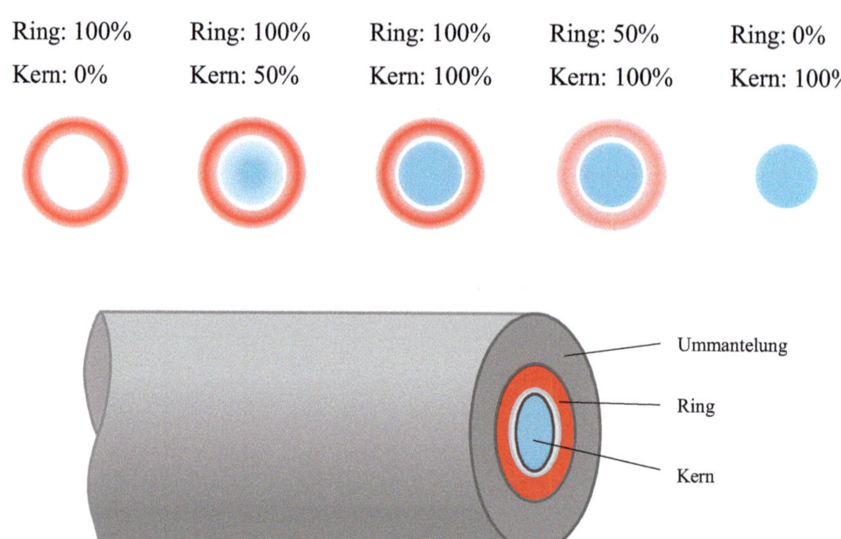

Abbildung 2-9: Ring-Mode-Laser: Darstellung unterschiedlicher Leistungsverteilungen zwischen Zentrum und Ring im Laserfokus (oben) und Faserprinzip (unten) in Anlehnung an [Coh23]

Ermöglicht wird diese Leistungsverteilung durch die in Abbildung 2-9 unten dargestellten Lichtleitfasern, die nicht nur den bisher üblichen lichtleitfähigen Faserkern haben, sondern darumliegend ergänzend einen lichtleitenden Ring. Beide sind durch ein dünnes Cladding voneinander getrennt, sodass beide unabhängig voneinander Laserstrahlung führen können. Innerhalb der Laserstrahlquelle werden diese Faserbereiche von zwei unabhängig voneinander regelbaren Lasermodulen mit Leistung beaufschlagt. Schnelle Verbreitung finden diese Laser trotz leichter Mehrkosten durch ihre technologischen Vorteile z. B. im Laserstrahlschneiden, Laserstrahlschweißen und L-PBF [Moh20, Bla19, Wis21]. Beim Laserstrahlschweißen bietet die Ring Mode Technik die Möglichkeit, Einfluss auf die Schmelzbadgeometrie zu nehmen. Eine hohe Leistung im Zentrum ermöglicht schlanke tiefe Nähte. Im umgekehrten Fall, der hohen Leistungseinbringung im Ring, wird das Schmelzbad aufgeweitet und dadurch stabilisiert, indem Einschnürungen und das Kollabieren des Keyholes verhindert werden. Kombiniert man eine hohe Leistung im Zentrum mit einer moderaten Leistung im Ring, führt dies zu einer ausgeprägteren Tulpenform der Naht und ebenfalls zu einer Beruhigung und Stabilisierung bei einer dennoch tiefen Naht [Moh20, Wan22]. Hierbei wird die Spritzerbildung signifikant reduziert, indem die unmittelbar hinter dem Keyhole aufsteigende Schmelze wie in Abbildung 2-10 dargestellt an dessen Tulpenform umgelenkt und so die Spritzerdynamik reduziert wird.

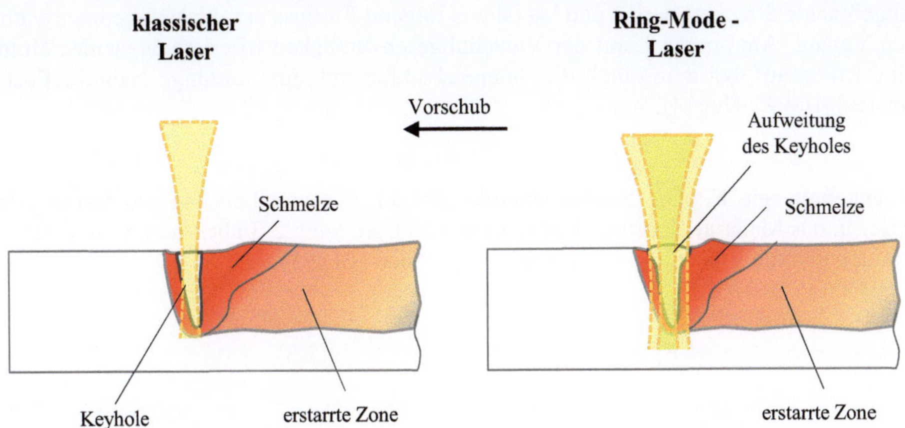

Abbildung 2-10: Aufweitung des Keyholes mittels Ring-Mode-Lasers in Anlehnung an [Tru23]

Strahlparameterprodukt SPP: Das Strahlparameterprodukt gibt Auskunft über die Strahlqualität des Laserstrahls. Es errechnet sich aus der Fernfelddivergenz und dem Strahltaillenradius.

$$SPP = \theta \times w_0 \qquad\qquad (2\text{-}1)$$

Das SSP ist eine charakteristische Kenngröße der von der Strahlquelle emittierten Laserstrahlung und lässt sich nicht durch Spiegel oder Linsen beeinflussen [Klo07].

Laserstrahlleistung P_L: Die Laserstrahlleistung beschreibt die vom Laser abgegebene Strahlleistung. Hohe Strahlleistungen ermöglichen eine hohe Vorschubgeschwindigkeit und eine große Einschweißtiefe [Dil05].

Intensität I: Die Intensität ist eine Kenngröße, die sich aus der Laserleistung und der Größe des Brennflecks errechnet und eine Aussage über die pro Flächeneinheit eingestrahlte Leistung macht [Bli13]. Gemäß Abbildung 2-5 muss eine werkstoffabhängige Grenzintensität überschritten werden, um den Tiefschweißprozess einzuleiten.

$$I = \frac{P_L}{A_f} \qquad\qquad (2\text{-}2)$$

Vorschubgeschwindigkeit v_s: Der Vorschub definiert die Geschwindigkeit, mit der sich der Laserstrahl während der Bearbeitung gegenüber dem Werkstück bewegt. Er beeinflusst maßgeblich die Produktivität und damit auch Wirtschaftlichkeit der Anwendung. Gleichzeitig definiert die Vorschubgeschwindigkeit technologische Merkmale wie die eingebrachte Streckenenergie und hat daraus folgend Einfluss auf die Nahtgeometrie und den Verzug. Am oberen Limit der Vorschubgeschwindigkeit tritt der sogenannte Humping-Effekt auf, bei dem durch die Schmelzbaddynamik eine unruhige Nahtoberfläche entsteht [Bey95, Hüg14].

Streckenenergie E_s: Die Streckenenergie gibt an, wie viel Leistung pro Strecke der Laser in das Material einbringt, und wird gemäß Gleichung 2-3 über die Laserausgangsleistung und die Vorschubgeschwindigkeit gesteuert [Bey95].

$$E_s = \frac{P_L}{v_s} \qquad\qquad (2\text{-}3)$$

Ziel ist es, nur genau so viel Energie in das Material einzubringen, wie nötig ist, um die erforderliche Schweißgeometrie zu erzielen. Eine zu geringe Streckenenergie verschlechtert das Schweißergebnis, während eine zu hohe Streckenenergie den wärmebedingten Verzug erhöht.

Einschweißtiefe t: Die Einschweißtiefe gibt an, wie tief die Schweißnaht in das Material hineinreicht. Gemäß Ruge lässt sie sich wie folgt abschätzen [Rug93].

$$t = C \times \frac{2P_L}{f_0 \times \sqrt{v_s}} \qquad\qquad (2\text{-}4)$$

Dabei ist f_0 der Fokusdurchmesser und C eine material- und prozessabhängige Konstante.

Strahleinfallswinkel α: Der Strahleinfallswinkel beschreibt den Winkel, den der Laserstrahl gegenüber der Werkstückoberfläche einnimmt. Unterschieden wird dabei zwischen Schlepp- (Auslenkung in Vorschubrichtung) und Lateralwinkel (Auslenkung rechtwinklig zur Vorschubrichtung). Ein großer Strahleinfallswinkel beeinflusst das Schweißergebnis durch einen vergrößerten elliptischen Brennfleck und daraus resultierende Verringerung der Intensität, eine geringere Absorption der Strahlung bei schräger Einstrahlung und einer geringeren effektive Einschweißtiefe bei gleicher Eindringtiefe durch den schrägen Nahtverlauf [Bey95]. Stemmann listet verschiedene Quellen auf, die empfehlen, dass sowohl Schlepp- als auch Lateralwinkel 20° nicht überschreiten sollten, um gute Schweißergebnisse sicherzustellen [Ste06].

Fokuslage z_f: Die Fokuslage beschreibt die Position des Laserstrahlfokus relativ zur Werkstückoberfläche.

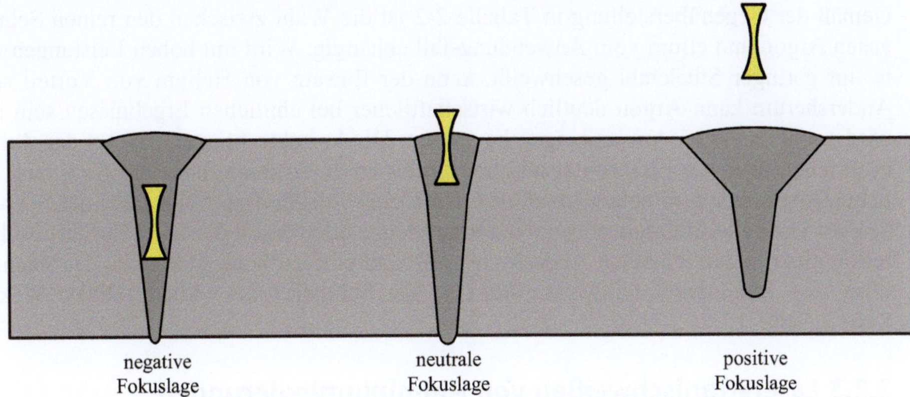

Abbildung 2-11: Nahtausprägung in Abhängigkeit von der Fokuslage zf in Anlehnung an [Neu09]

Angestrebt wird eine neutrale oder minimal unterhalb der Werkstückoberfläche liegende Fokusposition, denn wie in Abbildung 2-11 zu erkennen ist, haben sowohl eine deutlich positive als auch eine deutlich negative Fokuslage Auswirkungen auf die Schweißnahtgeometrie und die erzielbare Nahttiefe. Gemäß Grupp kann eine Verschiebung der Fokuslage innerhalb einer halben Rayleighlänge ohne signifikanten Einfluss auf das Schweißergebnis toleriert werden [Gru03].

Schutzgas: Eine abgestimmte Schutzgaszufuhr ist notwendig, um die Schweißnahtqualität zu optimieren und Umwelteinflüsse, wie Oxidation durch Sauerstoffzufuhr, zu unterbinden. Beim Schweißen von Aluminium werden in der Regel Argon oder Helium verwendet, in besonderen Fällen auch Mischgase, bei denen Sauerstoff oder CO_2 beigemischt wird [Ost98].

Tabelle 2-2: Zusammenfassung der Eigenschaften von Helium und Argon beim Laserstrahlschweißen von Aluminium [Dil06, Wek21, Kah13, Sch02]

		Helium	Argon
Vorteile		• hohe Wärmeleitfähigkeit • geringe Plasmaabschirmung beim Schweißen mit hohen Leistungen - höhere Einschweißtiefen • bessere Oberraupenqualität als Ar (Auswürfe, Einbrand usw.) • erhöhter He-Anteil bringt weniger Porosität	• günstig • höhere Dichte als Luft, gute Abschirmung in Wannenlage • geringere Durchflussmenge nötig dank deutlich höherer Dichte (Faktor 10)
Nachteile		• teuer • geringe Dichte, deutlich höhere Durchflussmenge vor allem in Wannenposition erforderlich, um nötige Abschirmung der Oberraupe zu erreichen. Zur Wurzelbegasung ist dies ein Vorteil.	• bei hohen Leistungen verstärktes Bilden von laserinduziertem Plasma oberhalb des Werkstücks • mehr Schweißspritzer

Gemäß der Gegenüberstellung in Tabelle 2-2 ist die Wahl zwischen den reinen Schutz-gasen Argon und elium vom Anwendungsfall abhängig. Wird mit hohen Leistungen und in nur geringer Stückzahl geschweißt, kann der Einsatz von Helium von Vorteil sein. Andersherum kann Argon deutlich wirtschaftlicher bei ähnlichen Ergebnissen sein und wird somit in vielen Anwendungen bevorzugt. Die korrekte Menge und Art der Zufuhr bestimmen über die Effektivität und gewährleisten eine ruhige, laminare Strömung des Schutzgases über dem Schmelzbad, und damit eine vollständige Abdeckung der Schmel-zen vor Umwelteinflüssen. Eine zu niedrige Menge oder falsch gewählte Zufuhr resultie-ren in einer unzureichenden Abdeckung, während eine zu hohe Menge zu Turbulenzen führt und damit aktiv Umwelteinflüsse in die Schmelzzone wirbelt [Dil06, Wek21, Kah13, Sch02].

2.2.3 Laserstrahlschweißen von Aluminiumlegierungen

Das Laserstrahlschweißen von Aluminium birgt einige Herausforderungen, die sich aus den physikalischen Werkstoffeigenschaften ableiten und Einfluss auf das Schweißver-halten haben [Ost98, Dil05, Mat06]:

- Die niedrige Schmelzviskosität des Aluminiums führt zu einem Weglaufen bzw. Durchsacken der Schmelze. Je nach Anwendung muss eine sogenannte Badstütze verwendet werden, um einen Nahtdurchhang zu verhindern.

- Die hohe Wärmeleitfähigkeit von 2,3 W/(cm*K) und damit auch die schnelle Ausbreitung der eingebrachten Energie führt zu einer vergleichsweise breiten Schweißnaht und einem hohen Leistungsbedarf.

- Der Schmelzpunkt von Aluminium liegt legierungsabhängig bei ca. 660 °C. Auf der Oberfläche der Bauteile prägt sich jedoch eine Aluminiumoxidschicht mit einer Schmelztemperatur von 2052 °C aus, die zunächst mit hohem Intensitäts-bedarf durchbrochen werden muss. Bei dünnem Material kann es sein, dass der beim Durchbrechen entstehende Intensitätsüberschuss zu einem unmittelbaren und ungewollten Durchschweißen führt. Alternativ muss die Oxidschicht vor dem Schweißen chemisch oder mechanisch entfernt werden.

- Aluminium hat eine starke Affinität zu Sauerstoff. Es ist somit für eine gute Abschirmung vor der Umgebungsatmosphäre zu sorgen, um oxidbedingte Schweißfehler zu minimieren.

- Aufgrund des hohen Wärmeausdehnungskoeffizienten von $24*10^{-6}$ 1/K kommt es zu signifikanten thermischen Schweißverzügen.

- Das hohe Reflexionsvermögen erschwert die Einkopplung des Laserstrahls und kann zu kritischer Reflexion und Streustrahlung führen.

Rissbildung

Die Schweißeignung von Aluminiumlegierungen ist abhängig von der Legierungskom-position. Zum Beispiel führen hohe Kupfergehalte von > 0,3 % oder Magnesiumgehalte im Bereich von ca. 1 % zu einer starken Rissanfälligkeit, der mittels Vorwärmung oder der Nutzung angepasster Zusatzwerkstoffe begegnet werden kann [Dil05]. Für weiter-führende Betrachtungen wird auf die Literatur verwiesen, da im L-PBF-Prozess keine rissgefährdeten Werkstoffe zum Einsatz kommen. Diese würden bereits im Laserstrahlschmelzprozess, der auch einen Mikroschweißprozess darstellt, diese kritischen Risse ausprägen und werden somit nicht in Betracht gezogen.

Wasserstoffporenbildung

Neben den vorgenannten Phänomenen ist die Neigung zur Wasserstoffporenbildung eine zentrale Herausforderung beim Aluminiumschmelzschweißen. Gemäß Abbildung 2-12 gibt es einen Löslichkeitssprung des Wasserstoffs um Faktor 20 bei der Erstarrung des Aluminiums von 0,7 cm³/100 g auf ca. 0,036 cm³/100 g [Ost98].

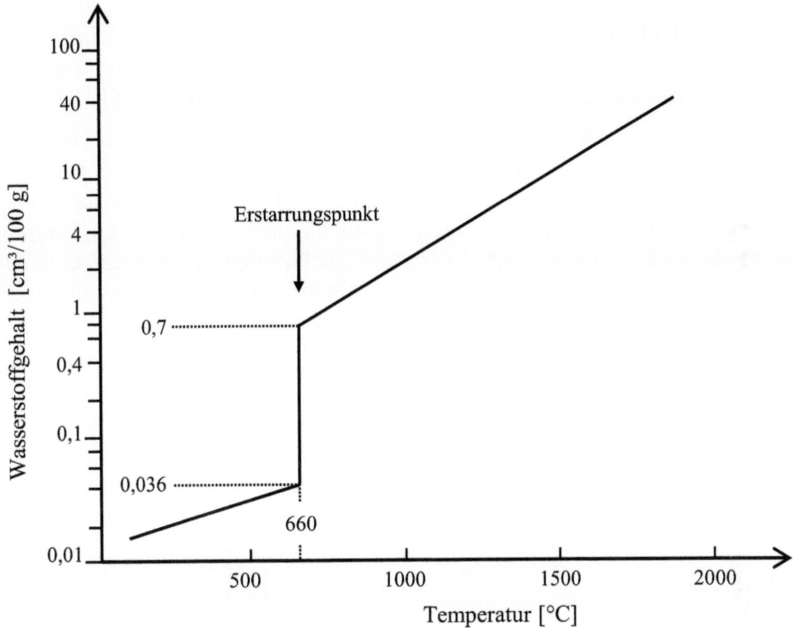

Abbildung 2-12: Löslichkeitssprung während der Erstarrung beim unlegierten Aluminium in Anlehnung an [Ost98]

Das bedeutet, dass der im Werkstoff gelöste Wasserstoff während der Erstarrung in die Schmelze ausgeschieden wird und diese bis zur Übersättigung mit Wasserstoff anreichert und in diesem Zuge von 2H zu H_2 rekombiniert [Win04]. Entlang der Schmelzlinie entstehen kleine initiale Gasblasen. Diese steigen in der Naht auf und verbinden sich dabei mit weiteren Gasblasen. Abbildung 2-13 zeigt diesen Vorgang vereinfacht anhand einer einzelnen Pore. Wenn die Schmelze schneller erstarrt, als die Pore entweichen kann, wird diese im Gefüge eingeschlossen. Typisch sind im Schliffbild einer Naht somit kleine Blasen entlang der Schmelzlinie und größere in der Nahtmitte und insbesondere im oberen Bereich.

Bildung einer Wasserstoffpore (kreisrund)

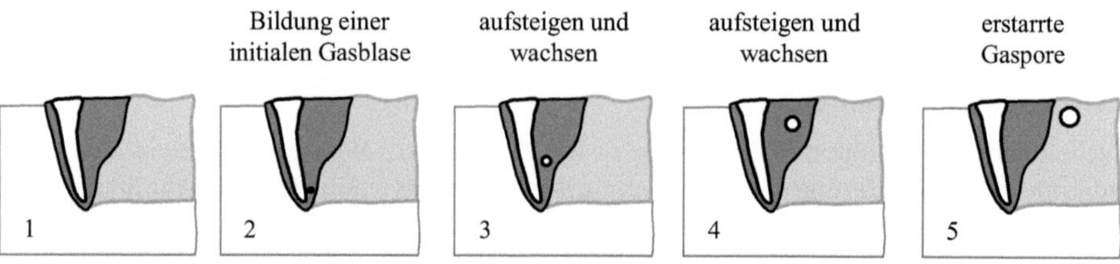

Abbildung 2-13: Entstehung einer Wasserstoffpore in Anlehnung an [Hoh03]

Eine besondere Gefahr der erhöhten Nahtporosität besteht somit beim Laserstrahlschweißen, da hier die Erstarrungsgeschwindigkeit besonders hoch ist und die Nähte sehr tief sind, sodass eine rechtzeitige Entgasung erschwert wird [Gre05].

Winkler stellte Betrachtungen zum Porenwachstum und Auftrieb an [Win04]. Hohe Schweißgeschwindigkeiten geben den Poren wenig Zeit zu wachsen und auszugasen. Es sind somit viele kleine Poren in der Naht zu erwarten. Bei niedrigen Geschwindigkeiten bleibt hingegen mehr Zeit zum Aufsteigen und auch zum Wachsen. Es sind somit größere Poren im oberen Bereich der Naht zu erwarten, sofern diese nicht rechtzeitig ausgasen konnten. Abbildung 2-14 zeigt diesen Zusammenhang. Weiterhin hat der Initialradius R_0 der Blase einen großen Einfluss auf das Auftriebsverhalten. Je größer die Blase, desto größer ist die Auftriebsgeschwindigkeit.

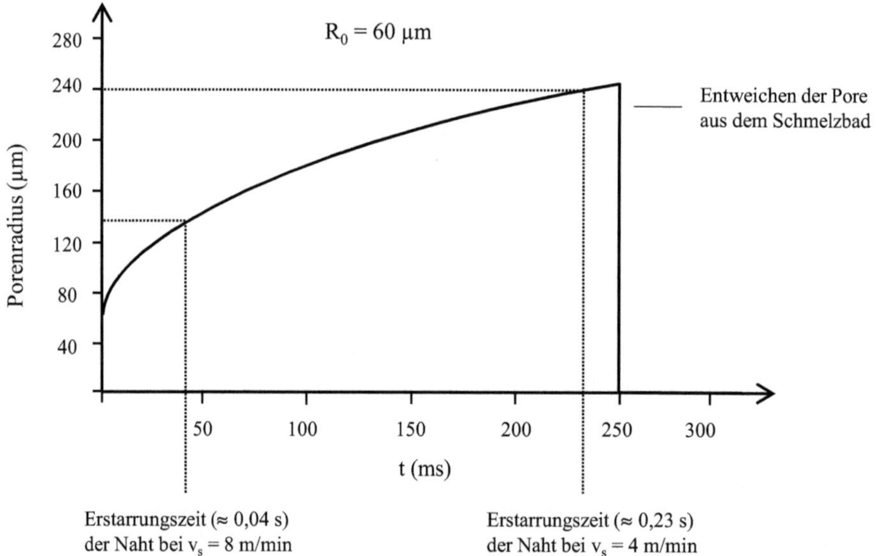

Abbildung 2-14: Porengröße R in Abhängigkeit der Erstarrungszeit am Beispiel einer anfänglichen Blasengröße von $R_0 = 60$ µm [Win04]

Mögliche Wasserstoffquellen, die zur Wasserstoffporosität beim Laserstrahlschweißen führen, sind u. a. [Ost98]:

- Wasserstoffgehalt des Grundwerkstoffs oder des Zusatzwerkstoffs

- Feuchtigkeit und organische Verunreinigungen auf der Werkstückoberfläche (Schwitzwasser, Fette etc.)

- Wasserstoffeinbringung aus der Umgebungsatmosphäre durch ungenügend Schutzgasabdeckung

- feuchtes Schutzgas

In der Literatur werden unterschiedliche Werte für kritische Wasserstoffgehalte genannt. Im Kontext einer Betrachtung zum Gießen von Aluminium ist gemäß Barbakadze ein Wasserstoffgehalt von über 0,1 cm³/100 g nicht erwünscht [Bar05]. Mit Bezug zum Lichtbogenschweißen ergibt sich gemäß Grov ab 10 ml/100 g Wasserstoff im Aluminium eine unzulässig hohe Porosität im Schweißgut [Gro99]. Winkler definiert eine Obergrenze von 0,3 ppm, um eine ausreichende Schweißeignung zu gewährleisten [Win04]. Laut Altenpohl neigen magnesiumhaltige Legierungen zu einem erhöhten Wasserstoffgehalt [Alt65]. Gemäß Barbakadze senken Legierungselemente, wie Silizium, Zink und Kupfer, die Wasserstofflöslichkeit geringfügig, während Magnesium und Natrium sie erhöhen [Bar05].

Neben den Gasporen, die beim Aluminium explizit Wasserstoffporen sind, da keine anderen Gase in signifikanten Mengen im Aluminium löslich sind [Kli98], gibt es sogenannte Prozessporen, die an einer unregelmäßigen Form zu erkennen sind. Sie entstehen durch einen instabilen Schweißprozess und sind gemäß Abbildung 2-15 leicht von den regelmäßigen und kugelförmigen Wasserstoffporen zu unterscheiden. Durch die Prozessdynamik und ein Kollabieren des Keyholes werden Metalldampfbläschen in der erstarrenden Schweißnaht eingeschlossen. Diese gilt es, durch eine stabile Prozessführung zu vermeiden.

Bildung einer Prozesspore (unregelmäßig geformt)

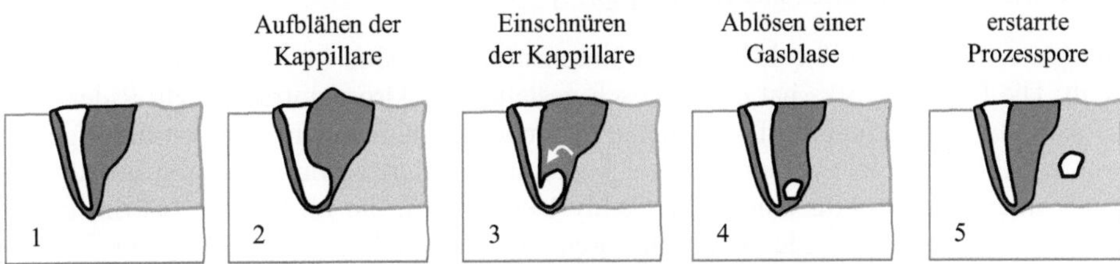

Abbildung 2-15: Entstehung einer Prozesspore in Anlehnung an [Hoh03]

2.2.4 Anwendungen von lasergeschweißten L-PBF-Bauteilen

Das Laserstrahlschweißen von laseradditiv hergestellten Bauteilen hat viele potentielle Anwendungsbereiche. Das Fügen wird notwendig, wenn Bauteile additiv hergestellt werden sollen, die die limitierte Baukammergröße des L-PBF-Prozesses überschreiten oder bei denen eine einteilige Fertigung keinen Sinn macht. Es kann geometrisch und in der Folge auch wirtschaftlich vorteilhaft sein, mehrere kleine Bauteilsegmente eng in einem Bauraum zu schachteln, diese anschließend zu fügen und so die Auslastung der

Maschine zu maximieren, statt nur ein einzelnes großes Bauteil mit geringer Maschinen-auslastung zu fertigen. Weiterhin kommt das Laserstrahlschweißen zum Einsatz, um additiv gefertigte Bauteile mit konventionell hergestellten Bauteilen zu verbinden. So kann entweder eine optimierte Hybridbauweise realisiert werden oder die Einbindung einzelner additiver Segmente in eine Gesamtstruktur, z. B. als Prototypenteil oder Er-satzteil in einer Fahrzeugkarosse.

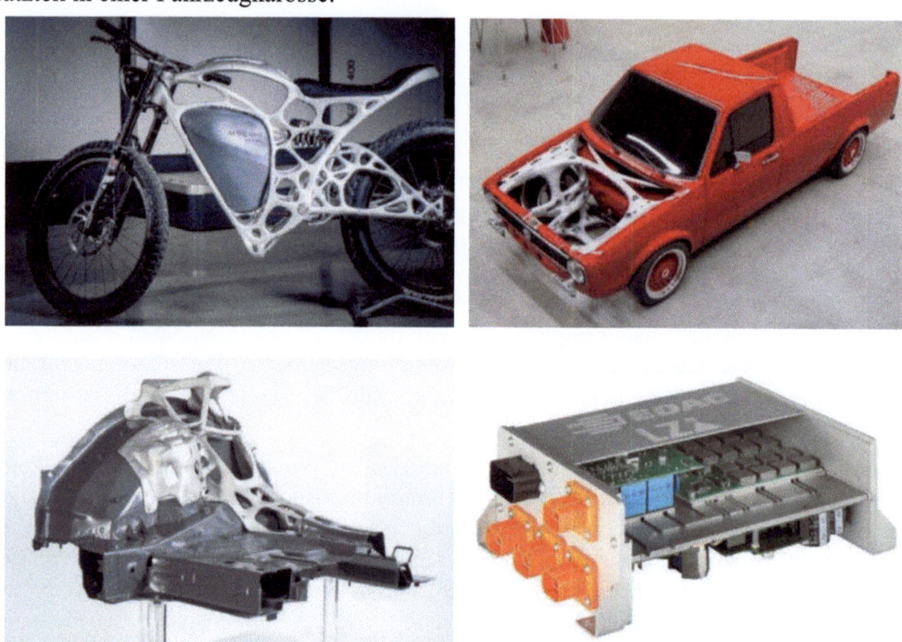

Abbildung 2-16: Projekte unter Nutzung von geschweißten L-PBF-Aluminiumstrukturen: Light Rider (oben links) [APW16], bionische Vorderwagenstruktur (oben rechts) [CSI17], zweiteiliger Dämpferdom aus dem Projekt CustoMat3D (unten links) [EDA20], hybrides Leistungselektronikgehäuse (unten rechts) [Spi15]

Beispiele für geschweißte L-PBF-Aluminiumstrukturen sind in Abbildung 2-16 darge-stellt: Die Fa. AP Works hat das bionisch gestaltete Elektromotorrad „Light Rider" ent-wickelt, das aus mehreren 3D-gedruckten Komponenten zu einer Gesamtstruktur gefügt wurde [APW16]. Ebenso bionisch und funktionsintegriert sowie mehrteilig gestaltet ist die Vorderwagenstruktur eines VW Caddy Youngtimes, die im Projekt 3i-Print konzi-piert wurde [CSI17]. Beide Demonstratoren sind aus der Legierung Scalmalloy® gefer-tigt und mittels Lichtbogenschweißverfahren gefügt. Details zu den Fügeverfahren, ge-nutzten Parametern und den erzielten Verbindungseigenschaften sind jeweils nicht ver-öffentlicht. Im Projekt CustoMat3D wurde die neue crashtaugliche Aluminiumlegierung CustAlloy® entwickelt und mit der in Abbildung 2-16 unten links dargestellten zweitei-ligen Dämpferdomstruktur validiert [EDA20]. In der Abbildung unten rechts dargestellt ist ein hybrides Leistungselektronikgehäuse, bei dem eine intelligente, mit Kühlkanälen versehene additiv gefertigte Kühlplatte mittels Schweißen mit einem konventionellen Blechgehäuse verbunden wurde. So ergibt sich eine hinsichtlich Wirtschaftlichkeit und Funktion optimierte Gesamtstruktur [Spi15]. In beiden Gemeinschaftsprojekten war die Laser Zentrum Nord GmbH bzw. das Fraunhofer IAPT als Projektpartner u. a. für das

Laserstrahlschweißen der Strukturen verantwortlich, sodass die Erkenntnisse dieser Arbeit eingeflossen sind.

2.2.5 Grundlagenbetrachtungen zum Schweißen von L-PBF-Bauteilen

Wissenschaftliche Betrachtungen zum Schweißen von additiv hergestellten Bauteilen sind nur vereinzelt vorhanden. Beckmann zeigt erste Schliffbilder zum Laserstrahlschweißen von Hybridverbindungen aus der generierten Nickelbasislegierung Inconel 718 und klassischem S355-Stahlblech, generiertem Edelstahl 1.4404 mit klassischem 1.4301-Edelstahlblech sowie als artgleiche Verbindung von gedrucktem Grade 5 Titan. Die Schliffbilder zeigen fehlerfreie und hochwertige Verbindungen. Tiefergehende metallurgische Analysen liegen nicht vor [Bec17].

Einen Vergleich zwischen den Schweißeigenschaften von klassischem kalt gewalztem 1.4404 Edelstahl und dem additiv gefertigten Pendant der gleichen Legierung zeigen Matilainen et al. anhand von Blindschweißungen [Mat16]. Es zeigen sich verschiedene Phänomene: Das mittels L-PBF hergestellte Material zeigt eine geringere Spritzerbildung und eine bessere Energieeinkopplung sowie in der Folge eine abweichende Nahtgeometrie. Die Ursache wird in der raueren Oberfläche des durch L-PBF hergestellten Materials gesehen. Bei einzelnen Nähten an L-PBF-Material konnten Risse festgestellt werden, die beim Walzmaterial nicht auftraten. Eine mögliche Ursache sind Eigenspannungen aus dem Druckprozess, es bedarf jedoch weiterer Untersuchungen. Fieger et al. fügte additiv gefertigtes 1.4404 Material mit niedriglegiertem, kaltgewalztem HC340LA-Automobilblech sowie laserstrahlgeschmolzenen 1.2709-Werkzeugstahl mit warmumgeformtem 22MnB5-Bor-Mangan-Stahl [Fie18]. Der Fokus lag hierbei auf automobilen Anwendungen der laseradditiven Fertigung. Geschweißt wurde mittels Laser Remote-Schweißen, also eines Scannerschweißverfahrens mit hohen Schweißgeschwindigkeiten zwischen 3,5 und 9 m/min. Bei der Kombination der Legierungen 1.4404 und HC340LA stellt er keine Limitierungen fest. Die Verbindung mit 22MnB5 ist aufgrund der AlSi-Beschichtung nur zu empfehlen, wenn dieses Material in der untersuchten Überlappverbindung das Oberblech darstellt. Die Einschränkung der Schweißeignung resultiert somit aus der Beschichtung des klassischen Materials, die in die Naht eingebracht wird und zur Schwächung der Verbindung führt.

Jokisch et al. untersuchen lasergeschweißte Stumpfstoßschweißungen an laseradditiv gefertigten Rohren aus den Nickelbasislegierungen IN625 und IN718 [Jok19]. Beide Werkstoffe zeigen eine vergleichbare Schweißeignung. Im Rohrumfang lassen sich gute Schweißergebnisse erzielen. Jedoch treten im Bereich der Überlappung von Nahtanfang und -ende der Rohrschweißung kritische Poren und Porennester auf, die einer weiteren Parameteranpassung bedürfen. Durch Instabilitäten der Dampfkapillare während des linearen Anstiegs bzw. Abfalls der Laserleistung am Nahtanfang und -ende treten diese Fehler auf.

Wits und Becker vergleichen die Schweißeignung von laseradditiv hergestellten Titanproben mit konventionell gefertigtem Material beim Fügen mit gepulster Laserstrahlung [Wit15]. Zum Erreichen vergleichbarer Nahtgeometrien ist bei der additiv gefertigten Probe eine erhöhte Streckenenergie nötig. Als Grund hierfür wird die abweichende Kornstruktur sowie ein höherer Anteil an Poren im Grundmaterial angenommen. Mit den angepassten Schweißparametern ist es bei beiden Werkstoffen möglich, fehlerfreie und qualitativ hochwertige Nähte zu erzeugen.

Zum Schmelzschweißen von laseradditiv gefertigtem Aluminium sind aktuell nur drei Arbeiten neben den im Rahmen dieser Arbeit erstellten Veröffentlichungen bekannt. Biffi et al. analysieren detailliert die Mikrostruktur und mechanischen Eigenschaften von Laserschweißnähten an 1 mm dicken lasergenerierten AlSi10Mg-Aluminiumproben [Bif19]. Identifiziert wird eine erhöhte Porosität mit Porendurchmessern von bis zu 150 µm in der Schweißnaht, aber keine Rissbildung. Die sehr feine Mikrostruktur des L-PBF-Ausgangsmaterials ändert sich durch den verhältnismäßig langsamen Erstarrungsprozess hin zu einer gröberen Struktur. Es bilden sich gröbere Si-Partikel, die mehr Ähnlichkeit zur Mikrostruktur vom Gussmaterial aufweisen. Der Härteverlauf zeigt einen deutlichen Härteabfall in der Wärmeeinflusszone und Schweißnaht. Im Grundmaterial liegt eine Härte von ca. 130 HV vor, die im Bereich der Wärmeeinflusszone kontinuierlich abfällt und ihr Minimum bei ca. 65 HV in der Schmelzzone hat. Die Dehngrenze reduziert sich von 309,3 MPa im ungeschweißten Zustand auf 229,4 MPa der gefügten Probe. Noch deutlicher ist der Unterschied bei der Bruchdehnung. Diese sinkt von 5,6 % auf 0,9 %. Als Ursache für die Schwächung wird die Porosität identifiziert, deren Ursache nicht abschließend geklärt wird. Mögliche Erklärungen sind entweder der Einschluss von Schutzgas oder die Wasserstoffporosität.

Fieger analysiert das Laser-Remote-Schweißen von lasergenerierten Strukturen aus AlSi10Mg mit klassisch gefertigten Blechen [Fie20]. Der Fokus liegt hierbei auf hohen Schweißgeschwindigkeiten von 9-14 m/min für Anwendungen im Automobilbau. Er identifiziert beim Aluminium eine verringerte Porenbildung in der Schweißnaht durch eine vorgeschaltete HIP-Behandlung. Weiterhin sinkt die Nahtporosität mit zunehmender Schweißgeschwindigkeit, da die Poren dann weniger Zeit zum Entstehen haben. Ein Glättungsschweißen, d.h. das erneute Aufschmelzen des oberen Nahtbereichs verstärkt die Porenbildung. Als Ursache für die Nahtporosität wird eine Kombination aus der Vergrößerung bestehender Poren im Grundmaterial, dem Eintragen von Sauerstoff im Schweißprozess sowie die Wasserstoffporosität benannt.

Möller et al. analysieren die Dauerfestigkeit von laserstrahlgeschweißten Verbindungen aus additiv gefertigtem AlSi10Mg mit gewalztem EN AW-6082-T6-Blech [Möl20]. Hierbei werden sowohl Stumpfstoßverbindungen als auch I-Nähte am Überlappstoß analysiert. Es zeigt sich eine signifikant eingeschränkte Dauerfestigkeit, die aus der hohen Nahtporosität resultiert. Der Fügeprozess wird nicht im Detail betrachtet.

Eine erhöhte Nahtporosität tritt auch beim artverwandten Elektronenstrahlschweißen von laseradditiv gefertigtem AlSi10Mg auf [Nah15, Nah17].

Zusammenfassend geht aus der Literatur hervor, dass eine erhöhte Porosität bei allen Schweißversuchen an additiv gefertigten Aluminiumbauteilen auftritt und diese zu einer Einschränkung der Verbindungseigenschaften führt. Eine detaillierte Analyse der Porenursache sowie möglicher Ansätze zur Porenreduktion ist hingegen noch nicht erfolgt. Dies zeigt den Forschungsbedarf dieser Arbeit.

2.2.6 Grundlagen der laserschweißgerechten Konstruktion

Der Laserstrahlschweißprozess stellt aufgrund seiner Prozesseigenschaften, insbesondere dem kleinen Fokusdurchmesser des Laserstrahls von 0,1-0,6 mm, dem kontaktlosen Schweißprozess sowie der Größe der Optik und deren Bewegungsfreiheit, spezielle Anforderungen an die Schweißstoß- und somit auch die Bauteilgestaltung. Einflussanalysen und die Ableitung von Regeln zur laserschweißgerechten Konstruktion sind bereits seit Jahren aus den Werken von Zopf, Welsch, Matzeit und Geiger bekannt [Zop95, Wel94, Mat96, Gei95]. Schwerpunkt der Betrachtungen bilden vor allem Dünnblechanwendungen im Karosseriebau. Für eine vollständige Darstellung der Richtlinien wird auf die Literatur verwiesen. Relevante Konstruktionsregeln werden in Kapitel 7 aufgegriffen und für diese Arbeit adaptiert.

3 Herausforderung, Zielsetzung und Vorgehensweise

Aus dem dargestellten Stand der Technik ergibt sich ein noch offenes Forschungsfeld im Bereich des Laserstrahlschweißens von L-PBF-Aluminiumbauteilen. Im folgenden Kapitel wird zunächst auf die dabei auftretenden Herausforderungen eingegangen und im Folgenden aufgezeigt, welche Forschungsziele und Vorgehensweisen sich daraus für diese Arbeit ergeben.

3.1 Porenphänomen beim Laserschweißen von additiv gefertigten Aluminiumbauteilen

Laserstrahlschweißverbindungen an laseradditiv hergestellten Aluminiumproben zeigen eine auffällig hohe Nahtporosität. Abbildung 3-1 zeigt auf Basis von Vorversuchen die Gegenüberstellung von Nahtquerschnitten an gegossenem und mittels L-PBF gefertigtem Material sowie einer Hybridverbindung daraus. Alle Proben bestehen aus der Legierung AlSi12, hergestellt entweder im Sandgussverfahren oder laseradditiv im Pulverbettverfahren. Geschweißt wurde unter gleichen Bedingungen mit identischen Schweißparametern. Der Unterschied ist somit nicht schweißprozessbedingt. Deutlich sichtbar ist die signifikant erhöhte Porosität beim additiv gefertigten gegenüber dem Gussmaterial. Gemäß der Literatur ist bereits bei Gussmaterial eine gewisse Porosität zu erwarten [Mat06], die Schweißeignung des laseradditiv hergestellten Materials ist jedoch noch weitaus kritischer. Bei der Hybridverbindung ergibt sich erwartungsgemäß eine mittlere Nahtporosität.

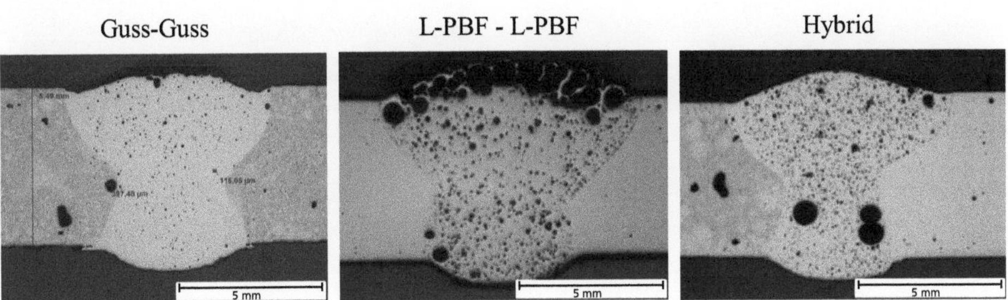

Abbildung 3-1: Vergleich von Laserschweißnähten an gegossenem, additiv gefertigtem und hybridem (links Guss, rechts additiv) AlSi12

© Der/die Autor(en), exklusiv lizenziert an
Springer-Verlag GmbH, DE, ein Teil von Springer Nature 2024
F. Beckmann, *Laserschweißbarkeit von laseradditiv gefertigten Aluminiumbauteilen*,
Light Engineering für die Praxis, https://doi.org/10.1007/978-3-662-69528-9_3

Dieses Porenphänomen kann unabhängig von der gewählten Aluminiumlegierung an allen bisher getesteten Werkstoffzusammensetzungen identifiziert werden. Abbildung 3-2 zeigt dies anhand von vier verschiedenen Legierungen, ausgehend von den L-PBF-Standardwerkstoffen AlSi12 und AlSi10Mg bis hin zu speziell für den L-PBF-Prozess entwickelten Legierungen Scalmalloy® (AlMg4.5Sc0.7Zr0.3) und der am Fraunhofer IAPT mit Partnern entwickelten Speziallegierung CustAlloy® (Komposition vertraulich, Bestandteile: Al, Mg, Si). Die Schweißproben wurden mit unterschiedlichen Pulverzuständen, L-PBF-Maschinen, Nahtkonfigurationen und Laserschweißparametern hergestellt, es zeigt sich jedoch die gleiche Tendenz zur erhöhten Porenbildung. Es liegt somit die Vermutung nah, dass es ein herstellungsspezifisches und kein legierungsspezifisches Porenphänomen ist. Die Abbildung 3-2 zeigt fast ausschließlich runde Poren, was gemäß Kapitel 2.2.3 auf Gasporen und nicht auf Prozessporen hinweist, die durch eine unregelmäßige Schweißprozessführung entstehen würden.

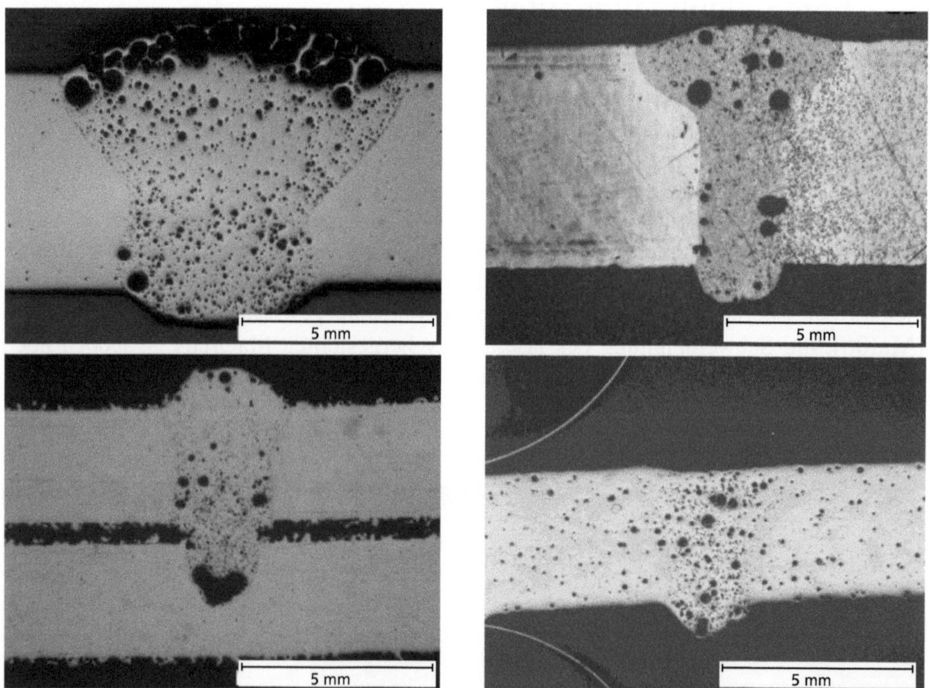

Abbildung 3-2: Erhöhte Porosität im Schweißnahtquerschliff bei relevanten L-PBF-Legierungen - von oben links: AlSi12, AlSi10Mg, Scalmalloy®, CustAlloy®

Die erhöhte Porosität ist bisher nur bei Schweißversuchen an Aluminiumlegierungen beobachtet worden. Versuche mit additiv hergestellten Inconel-, Titan- oder verschiedenen Stahlbauteilen zeigen gemäß Kapitel 2.2.5 dieses Phänomen der erhöhten Porenbildung nicht [Emm16].

3.2 Zielsetzung

Aus der vorgenannten Herausforderung der stark erhöhten Nahtporosität und somit der eingeschränkten Schweißbarkeit von laseradditiv hergestellten Bauteilen leitet sich die Zielsetzung dieser Arbeit ab. Das Ziel dieser Arbeit ist es, ein tiefes Verständnis über die Laserschweißbarkeit mittels L-PBF-gefertigter Aluminiumbauteile zu gewinnen, diese zu optimieren und in der Folge normgerechte Schweißnähte zu ermöglichen. Hierfür sollen insbesondere die Ursachen der signifikant erhöhten Nahtporosität verstanden und in der Folge Maßnahmen abgeleitet werden, um dieser entgegenzuwirken.

3.3 Vorgehensweise

Der Aufbau und Inhalt der Arbeit orientiert sich gemäß Abbildung 3-3 am Begriff der Schweißbarkeit eines Bauteils. Diese bildet sich gemäß DIN-Fachbericht ISO/TR 581:2007-04 aus den drei Einflussgrößen Werkstoff (Schweißeignung), Fertigung (Schweißmöglichkeit) und Konstruktion (Schweißsicherheit) [DIN05].

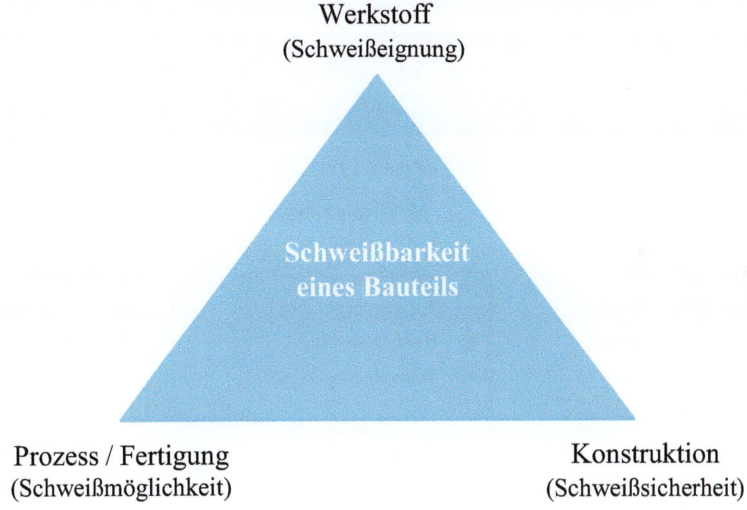

Abbildung 3-3: Definition der Schweißbarkeit eines Bauteils in Anlehnung an [DIN05]

Alle drei Einflussfaktoren der Schweißbarkeit sind relevant, um das Ziel der vorliegenden Arbeit, normgerechte Laserschweißnähte an laseradditiv hergestellten Aluminiumbauteilen zu erreichen und finden sich somit im methodischen Aufbau der Arbeit wieder. Nach einer detaillierten Materialanalyse zur Identifikation der Porenursache in Kapitel 4 folgt somit im Abschnitt 0, darauf aufbauend, die Analyse des Laserschweißprozesses (Aspekt Fertigung). Da der Grund für die erhöhte Porosität im Material vermutet wird, kann der Schweißprozess nur noch durch eine geeignete Prozessführung einen lindernden Einfluss auf die Nahtporosität nehmen, nicht jedoch die Ursache bekämpfen. Um diese zu adressieren, folgt in Kapitel 6 die Analyse der Einflussmöglichkeiten auf das laseradditiv hergestellte Material (Aspekt Material) über die Beeinflussung von Pulver, L-PBF-Prozess und Nachbehandlung. In Kapitel 7 werden konstruktive Einflüsse (Aspekt Konstruktion) im Hinblick auf die Schweißnahtporosität betrachtet, weiterhin aber auch konstruktive Potentiale identifiziert, die sich aus dem 3D-Druck-Prozess für die laserschweißgerechte Bauteilauslegung ergeben. In den einzelnen Unterkapiteln werden alle relevanten Einflussgrößen hinsichtlich ihres Einflusses analysiert. Abbildung 3-4 zeigt den sich daraus ergebenden Aufbau der Arbeit. Die Ergebnisse der unterschiedlichen Analysen werden in Form von Handlungsanweisungen und Konstruktionsempfehlungen am Ende eines jeden Kapitels zusammengefasst, um dem Anwender die einfache Umsetzung der Ergebnisse zu ermöglichen. Abschließend werden die Ergebnisse in Abschnitt 8 anhand optimierter Probekörper und einer laserstrahlgeschweißten Automobilbaugruppe validiert und bewertet.

Abbildung 3-4: Methodische Einflussanalyse und Aufbau der Arbeit

3.4 Werkstoffe und Equipment

3.4.1 Werkstoffe

Im Rahmen der Hauptuntersuchungen in den Kapiteln 0, $\square$ und 7 werden ausschließlich Proben genutzt, die aus den beiden wichtigsten L-PBF-Aluminiumwerkstoffen Al-Si10Mg und AlSi12 hergestellt werden. Somit steht die hohe Anwendungsrelevanz der Arbeit im Fokus. Darüber hinaus werden gemäß Abbildung 3-2 vergleichende Schweißuntersuchungen mit den beiden speziell für den L-PBF-Prozess konzipierten Legierungen Scalmalloy (Al-Sc-basiert) und CustAlloy (Al-Mg-basiert) durchgeführt, die eine vergleichbare Schweißeignung zeigen und eine Übertragbarkeit der Ergebnisse und Handlungsempfehlungen auf andere Aluminium-AM-Werkstoffe belegen.

3.4.2 Herstellung der Gussproben

Die Guss-Referenzbauteile zum Materialvergleich in Kapitel 4 werden zugekauft, sind aus AlSi10Mg im Sandgussverfahren als Plattenmaterial mit den Maßen 200 mm x 300 mm x 6 mm hergestellt und mit Hilfe der Trennmaschine Struers Discotom auf das notwendige Probenmaß zugeschnitten. Gemäß Herstelleraussage ist die Plattenform nicht optimal für dieses händische Gussverfahren und kann zu kleinen Fehlstellen in Form von Lunkern oder nicht perfekter Formfüllung führen, die jedoch für die materialwissenschaftlichen Untersuchungen dieser Arbeit unerheblich sind.

3.4.3 Herstellung der L-PBF-Proben

Die L-PBF-Proben werden aus Kapazitätsgründen auf zwei verschiedenen institutseigenen selektiven Laserstrahlschmelzanlagen hergestellt. Dies sind jeweils serienmäßige TruPrint 1000- und EOS M 290-Maschinen. Da die verschiedenen Untersuchungen dieser Arbeit über einen Zeitraum von mehreren Jahren erfolgen, ist es nicht möglich, alle Proben aus einer Pulver- und Fertigungscharge herzustellen. Für eine hohe Aussagekraft der verschiedenen Untersuchungen der Arbeit werden deshalb in den folgenden Kapiteln jeweils nur direkte Gegenüberstellungen von Proben vorgenommen, die mit Hilfe derselben Anlage innerhalb desselben Baujobs mit identischen Pulverzuständen und Prozessparametern hergestellt werden. Abweichungen hiervon werden gesondert kenntlich gemacht. Somit können viele bekannte Einflussgrößen des L-PBF-Prozesses auf die Bauteileigenschaften eliminiert oder durch bewusste Variation gezielt analysiert werden. Die in Kapitel 6 identifizierten Erkenntnisse und Handlungsempfehlungen der L-PBF-Werkstoffanalyse lassen sich, mit Ausnahme der optionalen Bauraumheizung, auf verschiedenste L-PBF-Anlagen übertragen und sind somit für die industriellen Anwender ohne Spezialequipment umsetzbar.

Die folgende Tabelle 3-1 zeigt die wichtigsten Spezifikationen der genutzten Anlagen sowie die genutzten Prozessparameter für die Bauteilherstellung.

Tabelle 3-1: L-PBF-Maschinenspezifikation und Prozessparameter für die Verarbeitung der Aluminiumproben

		TruPrint 1000	**EOS M 290**	**SLM 250HL**
		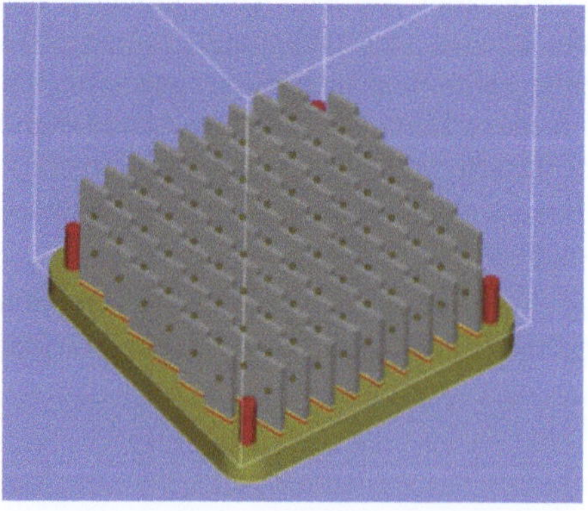		
Werkstoff		AlSi10Mg	AlSi10Mg	AlSi12
Fokusdurchmesser f_0	µm	55	100	150
Laserleistung P_L	W	175	370	350
Scangeschwindigkeit (Hatch) v_s	[mm/s]	1500	2000	930
Scanstrategie		Schachbrett	Streifen	Schachbrett
Schichtdicke D_s	[µm]	20	60	50
Schutzgas		Argon	Argon	Argon
Hatchabstand h_s	[µm]	120	90	150
Vorwärmung	[°C]	-	0/200 (je nach Versuchsreihe)	200

Die Proben werden gemäß Abbildung 3-5 in stehender Anordnung mit einem Mindestabstand von 10 mm auf Standardsupportstrukturen gebaut.

Abbildung 3-5: L-PBF-Probenherstellung dargestellt in der Datenvorbereitung: Positionierung der Proben (grau) stehend im Bauraum auf Supportstrukturen (rot) und mit einem Mindestabstand von 10 mm

3.4.4 Systemtechnik für das Laserstrahlschweißen

Für die allgemeinen Laserstrahlschweißversuche wird ein roboterbasierte Laserschweiß-system mit klassischer Einzelfokusoptik gemäß der folgenden Tabelle 3-2 genutzt. Für ergänzende Versuchsreihen zum Thema Strahlpendelung, Doppelfokustechnik und Ring-Mode-Laser wird Spezialequipment in den Applikationslaboren der Hersteller einge-setzt.

Tabelle 3-2: Spezifikationen der genutzten Laserschweißsysteme

		Einzel-fokus-system	Doppel-fokus-system	Scan-optik Single Mode	Scan-optik Multi Mode	Ring-Mode-Laser
System		Trumpf TruLaser Robot 5020	Trumpf TruLaser Cell 7006	CNC-System	CNC-System	Arnold
Laserstrahlquelle		Trumpf TruDisc 6001 Scheiben-laser	Trumpf TruDisc 8001 Scheiben-laser	IPG YLS-1000-SM Single Mode Faserlaser	IPG YLS-5000 Faserlaser	Coherent FL 8000 ARM Ring-Mode-Laser
Bewegungseinheit		Roboter	CNC	CNC + Scanner	CNC + Scanner	CNC
Laserstrahlleistung (max.) $P_{Lmax.}$	[kW]	6	8	1	5	8
Faserdurchmesser d_{Faser}	[µm]	300	100 (300 in Stichpro-ben)	14	200	100/290 (Kern/Hülle)
Optik		Trumpf BEO D70	Trumpf BEO D70 bifokal	IPG D30 Wobble Head	IPG D50 Wobble Head	Coherent-Baukasten
Brennweite f	[mm]	200	200	200	300	300
Abbildungsverhältnis		1 : 1	1 : 1	2 : 1	2 : 1	3 : 2
Fokusdurch-messer f_0	[µm]	300	100	28	400	150/435 (Kern/Hülle)

Geschweißt wird bei allen Grundlagenversuchen gemäß Abbildung 3-6 in Stumpfstoß-anordnung mit freier Wurzel und technischem Nullspalt. Unmittelbar vor den Versuchen werden die Schweißstoßoberflächen mit Schmirgelpapier von Oxidhäuten und sonstigen Verschmutzungen wie Fett etc. befreiten. Weiterhin wird ohne Schweißzusatzwerkstoff geschweißt, um zusätzliche Einflüsse auf die Porenbildung auszuschließen.

Abbildung 3-6: Spanntechnik und Probenanordnung im Stumpfstoß mit freier Wurzel

3.5   Bewertung der Ergebnisse

Da das Ziel der Arbeit die Erreichung normgerechter Schweißnähte ist, erfolgt die Ergebnisbewertung anhand der DIN 13919-2: Elektronen- und Laserstrahl-Schweißverbindungen –Anforderungen und Empfehlungen für Bewertungsgruppen für Unregelmäßigkeiten – Teil 2: Aluminium, Magnesium und ihre Legierungen und reines Kupfer [DIN21]. Der Fokus liegt dabei auf dem Qualitätskriterium der Nahtporosität, das anhand von Längs- und Querschliffen analysiert und quantifiziert wird. Je Versuch werden stets zehn Schliffbilder auf verschiedenen Proben gleicher Parameter ausgewertet, da der Prozess einer großen Streuung unterliegt. Die geometrischen Qualitätskriterien der Nähte sowie die Schweißspritzer werden als beherrschbar angesehen und im Rahmen der Validierung in Kapitel 8.1 dargestellt. Weiterhin können zur Optimierung dieser Aspekte bestehende Erkenntnisse konventioneller Aluminiumlegierungen übertragen werden, sodass dies nicht im Fokus der Arbeit liegt. Ebenso ist das verbleibende Kriterium der Rissbildung nicht Kern der Betrachtung, da bereits für die laseradditive Bauteilherstellung ausschließlich nicht rissgefährdete Aluminiumlegierungen ausgewählt werden und somit keine Gefahr von Kalt- oder Heißrissen beim Schweißen besteht und diese folglich im Laufe der Arbeit auch nicht beobachtet wurden.

Ein direkter, kapitelübergreifender Vergleich der erzielten Porosität ist als unzulässig anzusehen, da die umfangreichen Versuchsreihen über mehrere Jahre, auf verschiedenen L-PBF-Anlagen, mit variierenden Pulverchargen inkl. abweichender Recyclinghäufigkeiten und bei unterschiedlichen Umgebungsbedingungen erfolgt sind. Es gibt folglich viele Einflussgrößen, die nicht konstant gehalten werden konnten und somit das Ergebnis beeinflussen. Die Effektivität einer Maßnahme kann hingegen immer innerhalb eines Unterkapitels gegenübergestellt und bewertet werden, da die einzelnen Versuchsreihen jeweils unter identischen Bedingungen erfolgt sind.

4 Werkstoffkundliche Eingrenzung der Porenursache

Zur Identifikation der Porenursache werden unterschiedliche werkstofftechnische Analysen durchgeführt und dabei die L-PBF-Proben den Sandgussproben gegenübergestellt sowie mit Normen und Literaturwerten ins Verhältnis gesetzt. Alle Untersuchungen dieses Kapitels werden an AlSi12-Proben aus der identischen Charge, gebaut mit der SLM 250 bzw. gegossen im Sandgussverfahren, durchgeführt.

4.1 Mikroskopische Gefügeanalyse

Die mikroskopische Gefügeanalyse erfolgt an 5 mm dicken mittels L-PBF gefertigten Proben sowie dem Gussmaterial, die jeweils mit identischen Schweißparametern (P_L = 5 kW, v_s = 2 m/min, z_f = -2,5 mm) verschweißt wurden. Betrachtet werden die drei charakteristischen Zonen einer Schweißnaht gemäß Abbildung 4-1: Grundwerkstoff, Schmelzlinie inkl. Wärmeeinflusszone (WEZ) und Schweißnaht. Ziel ist es, mögliche Besonderheiten in der Gefügestruktur zu identifizieren und daraus Rückschlüsse auf die Schweißeignung zu ziehen.

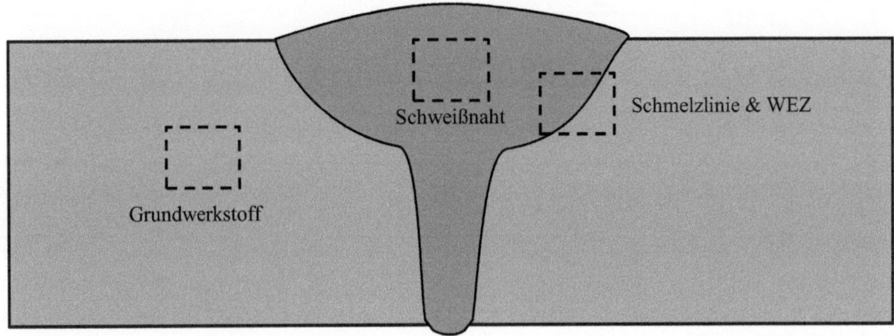

Abbildung 4-1: Betrachtete Schweißnahtbereiche der Schweißnähte bei der mikroskopischen-, EDX- und Spektralanalyse

4.1.1 Grundwerkstoff

Verfahrensbedingt unterscheiden sich die Gefügestrukturen von Guss- und L-PBF-Material signifikant. Im Gussprozess kühlt das gesamte Bauteil mit moderater Geschwindigkeit ab. Erstarrungszeiten beim Aluminiumguss liegen je nach Bauteilgeometrie im Bereich von Minuten [Lug10]. Dem gegenüber steht der L-PBF-Prozess, bei dem einzelne, geometrisch begrenzte Schmelzspuren von ca. 0,3 mm Breite mit sehr hoher Geschwindigkeit, im Bereich einer Sekunde, erstarren.

Dies bildet sich auch in der Gegenüberstellung der Lichtmikroskopaufnahmen in Abbildung 4-2 ab. Das langsam erstarrte Gussgefüge ist gekennzeichnet durch eine ausgeprägte Dendritenbildung (tannenbaumartig, hell), eutektische Strukturen, Seigerungen (unregelmäßig, dunkel) sowie einzelne Poren und Lunkern. Hierbei erstarren zunächst die Dendriten, die einen erhöhten Aluminiumanteil haben, ausgehend von Fremdatomen oder hochschmelzenden Phasen als Kern. Anschließend erfolgt die eutektische Erstarrung. Währenddessen entstehen einzelne Poren, die aufgrund des Löslichkeitsabfalls mit Wasserstoff angereichert werden. Schlussendlich erfolgt die Kristallisation der Seigerungen.

Beim laseradditiv hergestellten Gefüge sind deutlich die Schmelzspuren erkennbar, einzelne Poren, insbesondere im Übergang zwischen Flächen- und Randbelichtung, sowie das ansonsten homogene Gefüge ohne erkennbare Dendriten und Seigerungen.

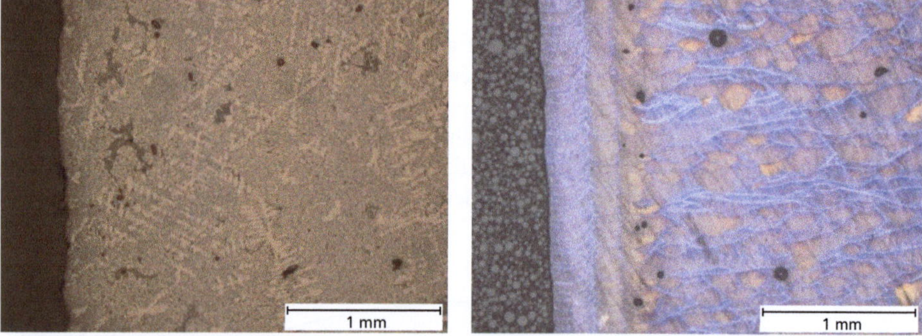

Abbildung 4-2: Mikroskopaufnahmen von Guss (links) und L-PBF-Material (rechts) im geätzten Zustand unter polarisiertem Licht

Mittels Rasterelektronenmikroskop aufgenommene EDX-Mappings bestätigen die deutlich ungleichmäßigere Struktur des Gussbauteils (Abbildung 4-3 links), bei dem sich Aluminium und Silizium stärker separieren. Es lassen sich die aluminiumreicheren Dendritenstränge sowie einzelne primär erstarrte Siliziumkristalle erkennen. Demgegenüber zeigt das L-PBF- Material eine feine Verteilung von Aluminium und Silizium ohne ausgeprägte Struktur. Die schnelle Erstarrung sowie die geometrisch beschränkten Schmelzpfade lassen keine große Kornbildung zu.

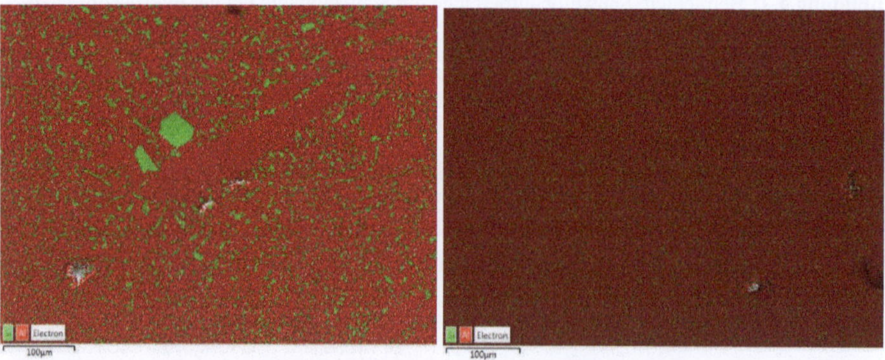

Abbildung 4-3: Gegenüberstellung der EDX-Mappings von Guss (links) und L-PBF-Material (rechts). Grün: Silizium, rot: Aluminium

4.1.2 Wärmeeinflusszone, Schmelzlinie und Schweißnaht

Beim Übergang von Gussgrundmaterial zu Schmelze lässt sich in Abbildung 4-4 eine klare Abgrenzung ohne erkennbare Wärmeeinflusszone feststellen. Die Schweißnaht zeigt, gegenüber dem zuvor beschriebenen Gussgrundmaterial, bedingt durch die höheren Abkühlgeschwindigkeiten beim Laserstrahlschweißen, eine deutlich feinere und gleichmäßigere Struktur. Weiterhin ist eine dendritische Struktur sowie dazwischenliegend ein feines Eutektikum vorhanden. Große Siliziumphasen, wie im Grundwerkstoff vorhanden, sind im Schmelzgut nicht mehr zu erkennen. Die EDX-Aufnahme in Abbildung 4-5 zeigt in der Schmelze eine feine und homogene Verteilung des Siliziums.

Beim L-PBF-Material tritt erwartungsgemäß der entgegengesetzte Effekt auf: Das Gefüge wird innerhalb der Schweißnaht gröber als im sehr feinen, schichtweise hergestellten Grundwerkstoff und prägt sich vergleichbar zum Schweißgut des Gusses aus. Es bilden sich feine Dendriten mit klarer Wachstumsrichtung senkrecht zur Schmelzlinie sowie eine eutektische Struktur aus. Im Gegensatz zum Guss ist eine Wärmeeinflusszone neben der Schweißnaht erkennbar, in der sich durch die Wärmeeinbringung größere Siliziumkörner bilden. In Richtung Nahtmitte zeigen sich, abweichend von der Gussnaht, größere primär erstarrte Siliziumkörner.

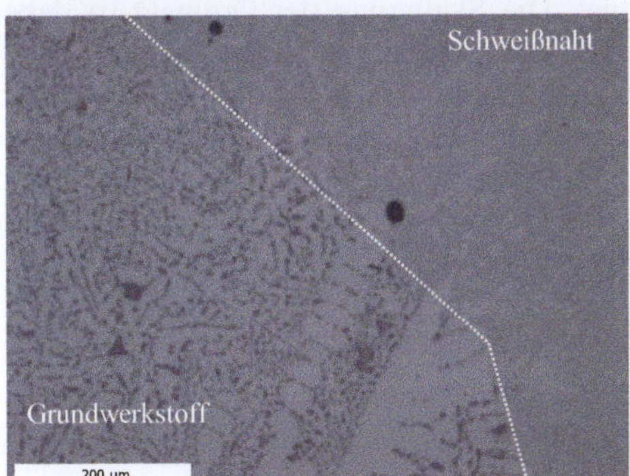

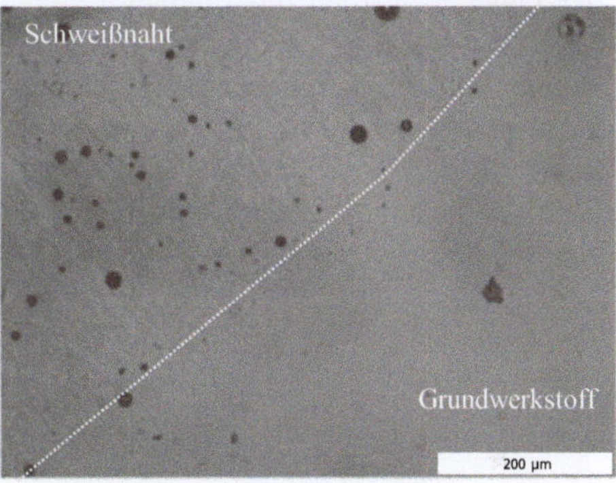

Abbildung 4-4: Mikroskopaufnahmen entlang der Schmelzlinie von Guss (links) und L-PBF-Material (rechts)

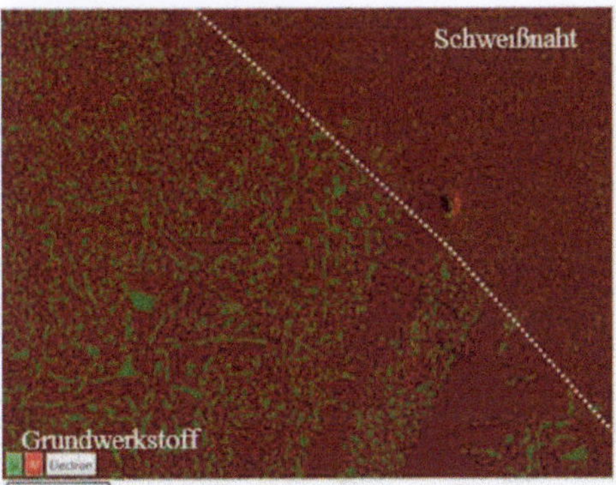

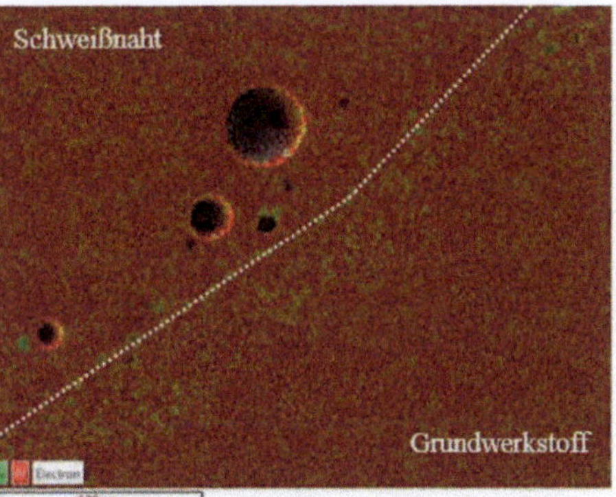

Abbildung 4-5: EDX-Mappings im Bereich der Schmelzlinie von Guss (links) und L-PBF-Material (rechts)

In Abbildung 4-4 ist zu erkennen, dass sich beim Guss nur einzelne Poren am Rand der Schweißnaht ausprägen. Auffällig ist hingegen beim L-PBF-Material, dass sich entlang der Schmelzlinie ein Saum feiner und auch einzelner größerer Poren darstellt. Weitere größere Poren sind weiter in Richtung Schweißnahtmitte festzustellen, die dort gemäß Kapitel 2.2.3 durch das Zusammentun und Aufsteigen vieler kleiner Poren entstehen. Beim L-PBF-Material gibt es somit viele kleine Poren, die von der Erstarrungsfront eingeschlossen werden, bevor diese Vereinigung und Vergrößerung stattfinden kann.

4.1.3 Vergleich der Siliziumgehalte in Schweißnaht und Grundwerkstoff

Zum Vergleich der Siliziumgehalte werden sowohl in der Schweißnaht als auch im Grundmaterial EDX-Spektren aufgenommen und verglichen. Abbildung 4-6 zeigt die Aufnahmebereiche sowie die Spektren für den Gusswerkstoff. Es wurden sowohl im Bereich des Grundwerkstoffs als auch der Schmelze der Schweißnaht vier Bereiche analysiert, die vergleichbare Spektren zeigen. Es wird somit für jeden Bereich ein beispielhaftes EDX-Spektrum dargestellt. Diese zeigen, wie viele Röntgenquanten bei verschiedenen keV in dem jeweiligen Messbereich ermittelt werden. Anhand der Energie der Quanten werden die Elemente zugeordnet. Die Skalierung der Ordinate ist dabei leicht abweichend, entscheidend ist jedoch das Verhältnis der Ausschläge relativ zueinander. Anhand der gemessenen Quanten vom Aluminium werden die Graphen skaliert. Es zeigt sich ein geringfügig reduziertes Verhältnis von Silizium zu Aluminium in der Schweißnaht. Eine mögliche Ursache ist ein Abbrand des Elementes beim Schweißen. Beim Vergleich der Spektren im L-PBF-Material in Abbildung 4-7 ist dieser Effekt nicht zu erkennen. Sie zeigen nahezu identisch ausgeprägte Siliziumanteile.

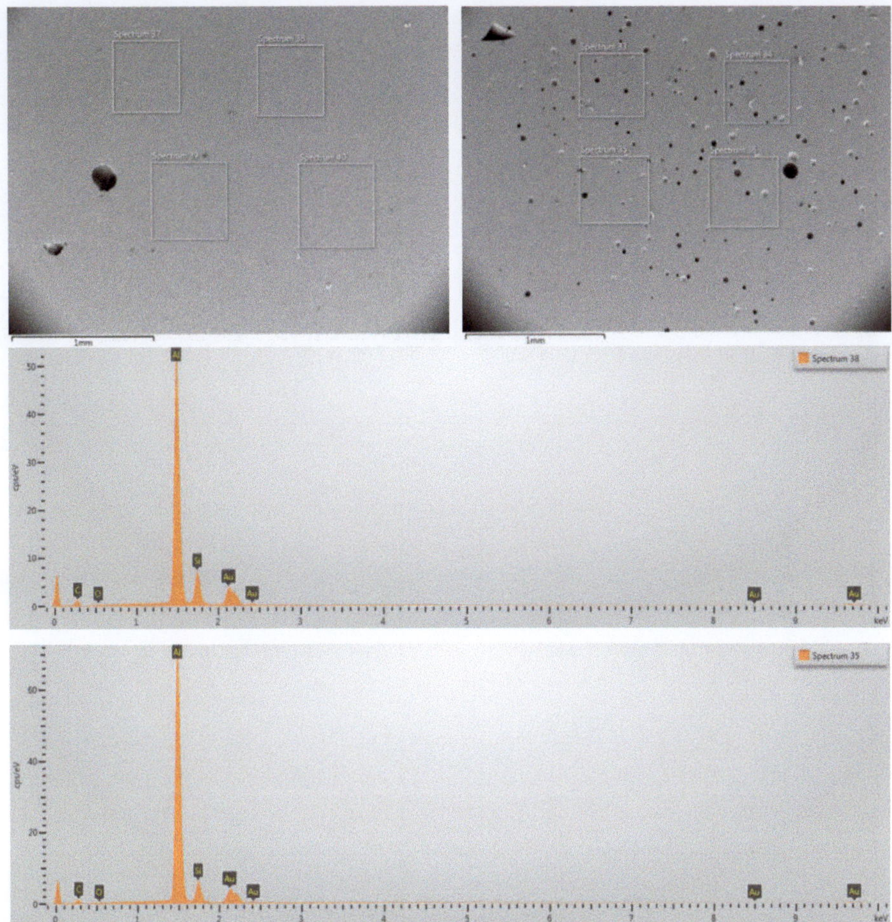

Abbildung 4-6: EDX-Spektren des Gusswerkstoffs mit dem REM aufgenommen; 100-fache Vergrößerung: Messbereiche im Grundmaterial (oben links), Messbereiche in der Schweißnaht (oben rechts), Spektrum des Grundwerkstoffs (Mitte) und Spektrum der Schweißnaht (unten)

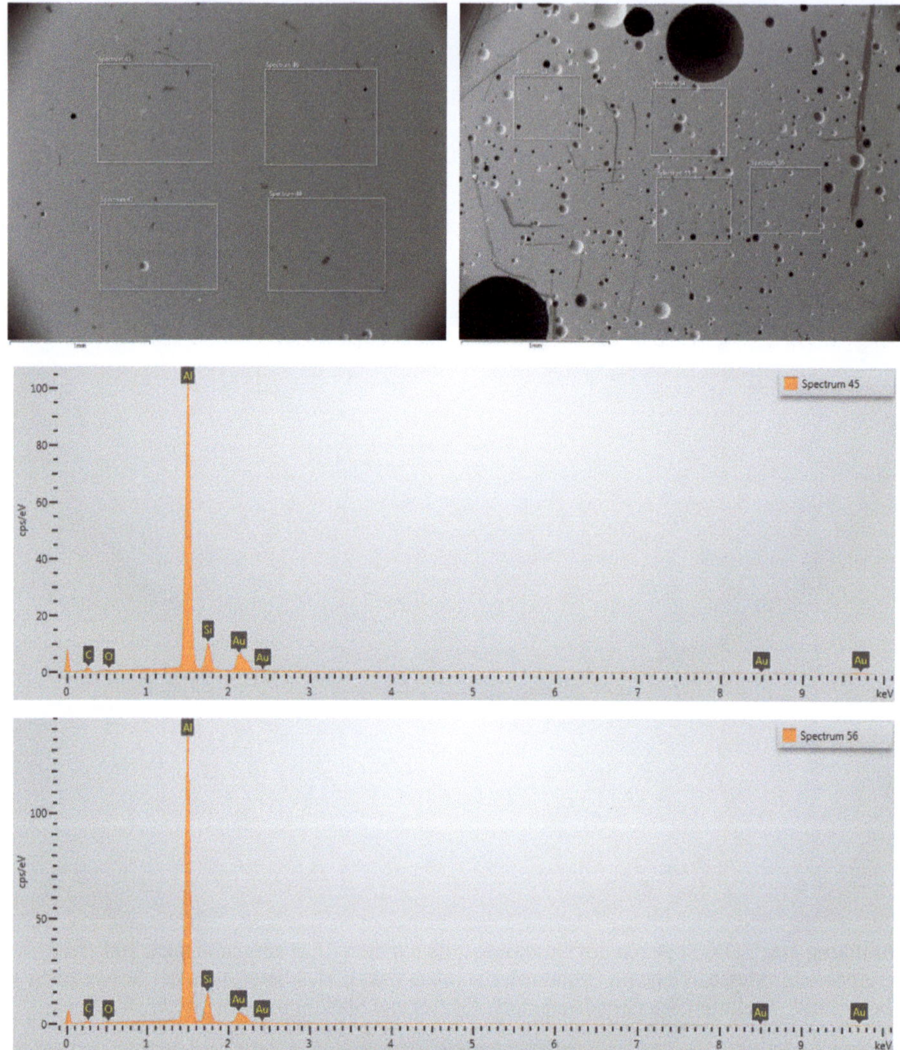

Abbildung 4-7: EDX-Spektren des L-PBF-Materials mit dem REM aufgenommen; 100-fache Vergrößerung: Messbereiche im Grundmaterial (oben links), Messbereiche in der Schweißnaht (oben rechts), Spektrum des Grundwerkstoffs (Mitte) und Spektrum der Schweißnaht (unten)

4.1.4 Ergebnis der mikroskopischen Analysen

Die unterschiedlichen Mikroskopaufnahmen zeigen erwartungsgemäß deutlich unterschiedliche Gefügestrukturen zwischen L-PBF- und Gussmaterial, die in den verschiedenen Herstellungsprozessen sowie den damit verbundenen signifikant unterschiedlichen Abkühlgeschwindigkeiten begründet liegen. Die wichtigsten Eigenschaften sind in Tabelle 4-1 gegenübergestellt. Aus den Analysen lässt sich jedoch keine Ursache für die Porenbildung ableiten.

Tabelle 4-1: Zusammenfassung der Gefügeeigenschaften

		Gusswerkstoff	L-PBF-Werkstoff
Grundwerkstoff	Eutektikum	grob, normales Gussgefüge	sehr fein
	Poren	sehr wenige	wenige, vor allem am Rand
	Dendriten	ja, sehr große Strukturen	nein
	Siliziumphase	gering	nein
Übergang	Eutektikum	große Änderung	kaum Veränderung
	Poren	am Rand wenige Poren	viele Poren
	Dendriten	sehr fein	sehr fein
	Siliziumphase	nein	in Bändern
Schweißnaht	Eutektikum	sehr fein	sehr fein
	Poren	viele	sehr viele
	Dendriten	sehr klein	sehr klein
	Siliziumphase	nein	große Kristalle

4.2 Elementaranalyse

Um mögliche Anomalien und Einflüsse der Materialzusammensetzung auf die Porenbildung beim Laserstrahlschweißen von generiertem Aluminium zu identifizieren, werden die gegossenen und lasergenerierten AlSi12-Proben mittels optischer Emissionsspektrometrie einer Spurenanalyse unterzogen sowie mittels Massenspektrometer die Hauptbestandteile identifiziert. Hierfür werden vom Zentrallabor Chemische Analytik der Technischen Universität Hamburg aus den Proben Späne ausgebohrt, eingewogen, in Natronlauge sowie Flusssäure aufgelöst und anschließend neutralisiert. Die klaren Lösungen werden weiterführend mit den Analysegeräten Optima 8300 ICP-OES und NexION 300D ICP-MS der Firma PerkinElmer analysiert.

Tabelle 4-2: Messergebnisse der Elementanalyse

		Guss	**L-PBF**	**Norm**
Al	[Gew.-%]	Rest	Rest	Rest
Si	[Gew.-%]	11,7	8,42	10,5-13,5
Fe	[Gew.-%]	1,65	1,82	< 5,5
Cu	[Gew.-%]	0,41	0,16	< 0,5
Ti	[Gew.-%]	0,28	0,25	< 1,5
Mn	[Gew.-%]	0,09	1,93	< 3,5
Zn	[Gew.-%]	0,11	0,17	< 1,0
B	[Gew.-%]	< 0,03	< 0,03	< 0,5
Ga	[Gew.-%]	0,06	0,08	< 0,5
Ni	[Gew.-%]	0,06	0,08	< 0,5
Cr	[Gew.-%]	0,03	0,06	< 0,5

Tabelle 4-2 zeigt die Ergebnisse der Elementaranalyse von Guss- und Generierwerkstoff und stellt diese mit den Anforderungen der Norm DIN EN 1706 für den Werkstoff Al-Si12(a) bzw. EN AC-44200 gegenüber. Silizium besitzt nach der Norm ein zulässiges Intervall, für die restlichen Elemente sind zulässige Maximalwerte angegeben. Elemente, die nachweisbar sind, jedoch nicht in der Norm benannt wurden, dürfen mit maximal 500 mg/kg pro Element vorhanden sein. Zusammen darf der Anteil dieser Elemente nicht mehr als 1500 mg/kg betragen [DIN20]. Die Gegenüberstellung zeigt, dass sowohl beim Gussmaterial als auch den mittels L-PBF-gefertigten Proben mit einer Ausnahme alle geforderten Werte der Norm eingehalten werden und sich somit keine Ursachen für die erhöhte Porenbildung ableiten lassen. Das Gussmaterial befindet sich mit einem Siliziumanteil von 117 g/kg ziemlich präzise im Eutektischen Punkt. Anders ist es beim L-PBF-Werkstoff. Mit 84,2 g/kg liegt dieser Wert deutlich unter dem zulässigen Bereich der Norm. Die Ursache hierfür ist nicht bekannt und kann in der Pulverkomposition, dem L-PBF-Prozess oder potentiellen Messfehlern liegen. Jedes Element wurde gemäß Messprotokoll mindestens dreifach gemessen, wobei die Standardabweichung nicht mehr als 3 % betragen hat. Die Abweichung des Siliziumgehaltes ist deutlich, wird jedoch nicht als Ursache für die erhöhte Porenbildung angenommen, da auch Aluminium-legierungen mit niedrigeren Siliziumgehalten (z. B. AlSi10Mg und CustAlloy mit 3,5 % Si) gemäß parallelen Versuchsreihen eine identische Porenbildung aufweisen.

4.3 Wasserstoffanalyse

Die Ursache der Porosität beim Schweißen von Aluminium liegt, wie in Kapitel 2.2.3 erläutert, häufig im Wasserstoffgehalt des Werkstoffs. In den folgenden Tabelle 4-3 undTabelle 4-4 werden die mittels Wasserstoffheißextraktion ermittelten Wasserstoffgehalte der Guss- und L-PBF-Werkstoffproben dargestellt. Diese wurden als ganze Proben der Fa. Leco zur Analyse beigestellt, dort in 4 bzw. 5 Teilproben aufgetrennt und mit dem Analysegerät LECO RHEN602 bis hin zum vollständigen Aufschmelzen kontinuierlich erwärmt. Der dabei entweichende Wasserstoff wird gemessen und kann somit in Oberflächenwasserstoff sowie in im Material gebundenem unterschieden werden. Wasserstoff als kleinstes natürliches Element ist jedoch nicht einfach zu messen, was die aufgezeigte Standardabweichung erklärt. Besonders hoch ist diese bei den Oberflächenwerten, die ggf. durch Verunreinigungen während des Handlings der Proben beeinflusst werden. Von besonderer Bedeutung für die Arbeit ist jedoch der gebundene Wasserstoff im Material, der mit einer akzeptablen Streuung erfasst wurde und dessen Ergebnisse zu dem vorliegenden Porenphänomen passen.

Tabelle 4-3: Wasserstoffgehalt des Gusswerkstoffs

Masse [g]	Gesamtwasserstoff [ppm]	Kern [ppm]	Oberfläche [ppm]
2,75	0,47	0,12	0,36
2,88	0,45	0,08	0,36
3,07	0,40	0,23	0,17
3,34	0,39	0,23	0,16
2,99	0,60	0,26	0,34
Mittelwert	0,46	0,19	0,28
Std.-Abw.	0,08	0,07	0,09
Std.-Abw.	17%	37%	34%

Tabelle 4-4: Wasserstoffgehalt des L-PBF-Materials

Masse [g]	Gesamtwasserstoff [ppm]	Kern [ppm]	Oberfläche [ppm]
2,45	3,48	3,19	0,29
2,42	3,56	2,72	0,85
2,64	3,75	3,39	0,36
2,48	3,29	3,09	0,20
Mittelwert	3,52	3,10	0,42
Std.-Abw.	0,16	0,24	0,25
Std.-Abw.	5 %	8 %	59 %

In der Messung zeigt sich ein um Faktor 7,5 erhöhter Gesamtwasserstoffgehalt des L-PBF-Materials im Vergleich zum Guss. Betrachtet man nur den im Kern des Materials gebundenen Wasserstoff, liegt dieser sogar um Faktor 16,5 höher. Gemäß Winkler wird ein Wert von 0,3 ppm als Obergrenze benannt, um eine ausreichende Schweißeignung zu gewährleisten [Win04]. Dieser Wert wird um mehr als Faktor 10 überschritten und so kann der hohe Wasserstoffgehalt der Proben als Ursache für die signifikante Schweißnahtporosität identifiziert werden.

Mögliche Wasserstoffquellen, die eine Wasserstoffaufnahme während des L-PBF-Prozesses ermöglichen, sind dabei gemäß Abbildung 4-8 die Umgebungsfeuchtigkeit sowie insbesondere die Pulverfeuchte.

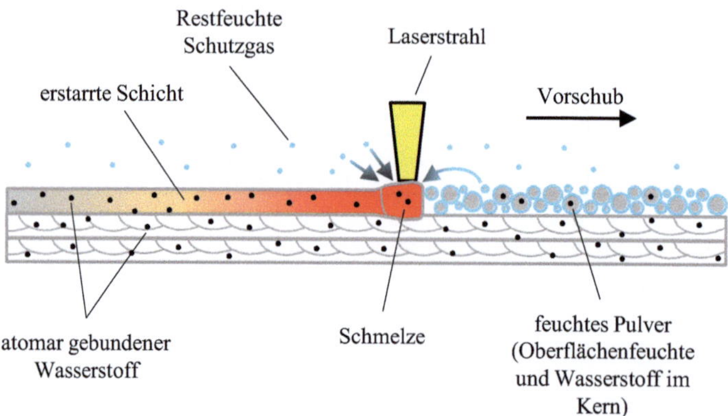

Abbildung 4-8: Hypothese zur Wasserstoffaufnahme im L-PBF-Prozess – molekularer Wasserstoff (H2O) blau / atomarer Wasserstoff (H) schwarz

Die Aluminiumschmelze bietet, wie in Abbildung 2-12 dargestellt, eine sehr hohe Wasserstofflöslichkeit. Gemäß folgender Reaktion wandeln sich Aluminium und der umgebende Wasserdampf in Aluminiumoxid und Wasserstoff um [Win04]:

$$2[AL] + 3\,H_2O \rightarrow AL_2O_3 + [6H]$$

Der Wasserstoff geht dabei in atomarer Form in die Schmelze über und wird dort, wie in Abbildung 4-8 dargestellt, bei der Erstarrung gebunden.

Als Ursache für den erhöhten Wasserstoffgehalt gegenüber Gussmaterial sind verschiedene Einflüsse anzunehmen:

- Pulver als Ausgangswerkstoff der Bauteile hat bezogen aufs Volumen eine um Faktoren größere Oberfläche als z.B. Walz- oder Gussmaterial. So kann über die Oberfläche jedes einzelnen Korns Feuchtigkeit aufgenommen und in den L-PBF-Prozess eingebracht werden, die beim Schmelzen in Form von atomarem Wasserstoff ins L-PBF-Bauteil eingetragen wird.

- In der aktuell üblichen L-PBF-Prozesskette von der Pulvererzeugung über das mehrfache Pulverrecycling bis hin zum fertigen Bauteil ist ein mehrfacher Atmosphärenkontakt des Werkstoffs gegeben. Es kann somit mehrfach Umgebungsfeuchte vom Pulver aufgenommen werden. Diese Einflüsse entlang der Prozesskette werden detailliert in Kapitel 6.9 betrachtet.

- Beim Aluminiumguss gibt es Methoden, bereits vor dem Abgießen den Wasserstoffgehalt der Schmelze und somit auch des späteren Bauteils zu reduzieren [Kli98]. Eine äquivalente Entgasungsbehandlung der L-PBF-Schmelze ist prozessbedingt nicht möglich.

Da auch der L-PBF-Prozess ein Schweißprozess ist, ist auch hier eine erhöhte Porenneigung beim Aluminium festzustellen. Dennoch sind unter gleichen Wasserstoffbelastungen im L-PBF-Prozess hochqualitative Bauteile mit Bauteildichten von über 99,7 % möglich, die sich im Schweißprozess nicht realisieren lassen. Erzielt werden diese über geeignete Prozessstrategien, insbesondere angepasste Scangeschwindigkeiten und Intensitäten [Abo14, Wei15, Kri14, Buc13]. Durch die hohen Prozessgeschwindigkeiten und folglich extrem schnelle Abkühlraten ist es möglich, eine Wasserstoffübersättigung des Materials zu erzwingen. Dies ist eine wahrscheinliche Erklärung, warum die Porosität in dem kritischen Ausmaß erst beim Schweißen und nicht bereits beim L-PBF-Prozess auftritt. Weiterhin ist so zu erklären, dass der Wasserstoff noch nicht im additiven Prozess ausgast, sondern anteilig gebunden im Material verbleibt bzw. gerade dort erst aufgenommen wird. Prozessgeschwindigkeiten beim L-PBF liegen bei 500-1000 mm/s und somit ca. um Faktor 10 höher als beim Laserstrahlschweißen 15-100 mm/s. Im L-PBF-Prozess sind zudem die Schmelzbaddimensionen signifikant kleiner, sodass auch die maximale Porengröße limitiert ist. Bei typischen Schichtstärken im L-PBF-Prozess von 30-90 µm und somit Schmelztiefen von ca. 60-150 µm kann eine Pore maximal diese Dimension einnehmen, während Schmelzbäder beim Laserstrahlschweißen je nach Laserstrahlleistung über 10 mm tief sein können und somit Poren in Dimensionen von > 1 mm Durchmesser möglich sind.

4.4 Zusammenfassung der Materialanalyse

Die werkstoffkundlichen Analysen des L-PBF-Materials sowie die Gegenüberstellung mit Gussmaterial gleicher Legierung haben folgende Ergebnisse geliefert:

- In der mikroskopischen Gefügeanalysen zeigten sich die erwarteten Ergebnisse. Das L-PBF-Grundmaterial hat ein deutlich feineres Gefüge als das Gussmaterial, aufgrund der schnellen Erstarrung L-PBF-Prozess. Eine Ursache für die erhöhte Porosität konnte dabei nicht identifiziert werden.

- Die chemische Zusammensetzung des Materials liegt nahezu im Bereich der Norm. Auch hier ist keine Ursache für die erhöhte Schweißnahtporosität zu identifizieren.

- Die Wasserstoffanalyse zeigte einen um Faktor sieben höheren Wasserstoffgehalt im L-PBF-Material gegenüber dem Guss. Der absolute Wert von 3,52 ppm liegt signifikant über dem Grenzwert von 0,3 ppm, der als Grenze für eine ausreichende Schweißeignung in der Literatur genannt wird [Win04].

Der hohe Wasserstoffgehalt des L-PBF-Materials, eingebracht über die Pulverfeuchtigkeit entlang der L-PBF-Prozesskette, konnte somit als Ursache für die hohe Nahtporosität identifiziert werden und bildet die Basis für die Optimierungsansätze der folgenden Kapitel.

5 Schweißprozessanalyse

Auf Basis der Erkenntnis aus Kapitel 4, dass der hohe Wasserstoffgehalt die Ursache der erhöhten Porenbildung beim Laserstrahlschweißen von laseradditiv gefertigten Aluminiumbauteilen ist, gibt es drei Ansätze, um porenarme Schweißnähte zu erzeugen. Die Optimierung des Laserschweißprozesses, die in diesem Kapitel dargestellt wird. Die Reduktion des Wasserstoffgehaltes im Grundmaterial, die im nächsten Kapitel folgt, und die Kombination aus beiden Ansätzen, die bei der Validierung in Kapitel 8 erfolgt. Ziel der Untersuchungen dieses Kapitels ist es, mit dem vorliegenden Material die beste Nahtqualität zu erreichen. Die Schweißprozessoptimierung behandelt somit ausschließlich die Auswirkungen des hohen Wasserstoffgehaltes und nicht dessen Ursache, die im Material liegt. Die Prozessoptimierung ist dennoch aufgrund der folgenden drei Punkte von hoher Relevanz:

- Häufig hat der schweißende Anwender keinen Einfluss auf die Bauteilherstellung, da diese beim Zulieferer erfolgt. Die Optimierung des Schweißprozesses ist somit die einzig verbleibende Option, um die Nahtqualität zu optimieren.

- Eine Anpassung des Schweißprozesses ist in der Regel ohne Zusatzkosten durchzuführen. Dem gegenüber stehen Zusatzaufwände, z. B. für zusätzliche Prozessschritte wie Pulvertrocknung oder die Kosten für Neupulver, wenn Einfluss auf das L-PBF-Material genommen werden soll.

- Die Kombination aus Optimierung des Schweißprozesses mit der Optimierung des Rohmaterials verspricht die besten Gesamtergebnisse.

Der Laserschweißprozess unterliegt einer Vielzahl von Einflussfaktoren, die im folgenden Ishikawa-Diagramm dargestellt werden. Für die Übersichtlichkeit liegt der Fokus der Darstellung ausschließlich auf den vier technischen Aspekten Material, Maschine, Methode und Mitwelt.

© Der/die Autor(en), exklusiv lizenziert an
Springer-Verlag GmbH, DE, ein Teil von Springer Nature 2024
F. Beckmann, *Laserschweißbarkeit von laseradditiv gefertigten Aluminiumbauteilen*,
Light Engineering für die Praxis, https://doi.org/10.1007/978-3-662-69528-9_5

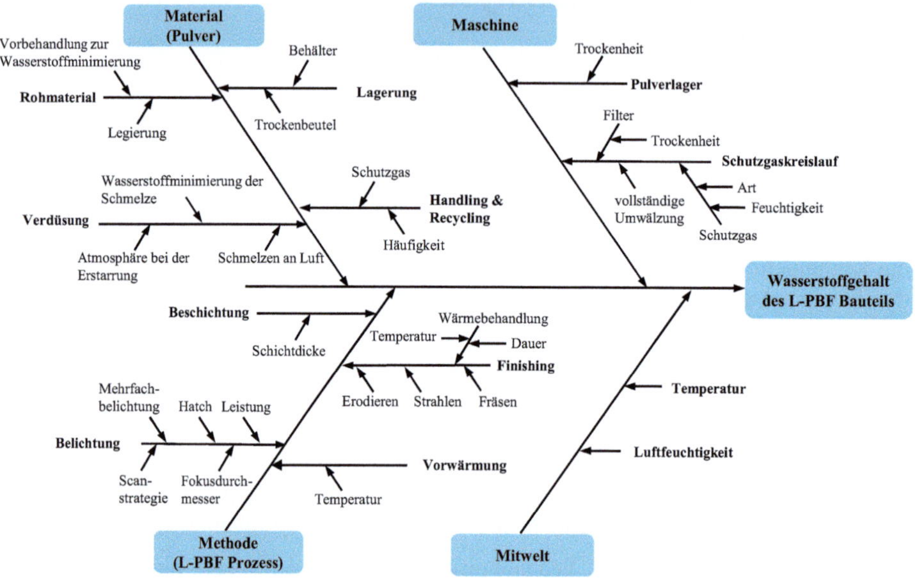

Abbildung 5-1: Ishikawa-Diagramm zur Identifikation der Einflüsse auf einen porenarmen Laserschweißprozess

Das L-PBF-Material wird in Kapitel 6 detailliert betrachtet und ist somit in Abbildung 5-1 nicht gesondert aufgeschlüsselt. Materialseitig hat zudem ein Schweißzusatzwerkstoff einen potentiell hohen Einfluss auf die Wasserstoffporosität. Gründe hierfür sind die Feuchtigkeitsaufnahme des Materials sowie Feuchtigkeit im Drahtführungssystem. Schweißzusatzdrähte werden in der Regel bei schwer schweißbaren Legierungen zur Beeinflussung des Materials genutzt oder zur Überbrückung kleiner Fügespalte. Da beides bei den gut schweißbaren und schweißgerecht zu gestaltenden L-PBF-Bauteilen nicht erforderlich ist, wird dieser ergänzende Störeinfluss ausgeschlossen und in dieser Arbeit kein Zusatzdraht genutzt. Hieraus entsteht zudem eine Vereinfachung der Prozessführung durch den Entfall von zusätzlichen Prozessparametern und der Richtungsabhängigkeit, die mit der Nutzung eines Zusatzdrahtes einhergeht.

Die wichtigsten verbleibenden Einflussgrößen werden in den folgenden Abschnitten analysiert, beginnend mit den signifikanten Einstellgrößen eines klassischen Laserschweißprozesses. Dies sind die Schutzgaszufuhr und die Schweißgeschwindigkeit in Abschnitt 5.1 und 5.2 sowie im Anschluss Ansätze, die ein besonderes Equipment wie eine Doppelfokusoptik, hochfrequente Scanköpfe oder einen Ring-Mode-Laser benötigen.

5.1 Schutzgas

Basis der Parameteroptimierung sind zunächst die Erprobung und Festlegung des richtigen Schutzgases sowie von dessen Menge und der optimale Zuführung. In Abschnitt 2.2.2 wurden bereits die Eigenschaften von Helium und Argon beim Schweißen von Aluminiumwerkstoffen gegenübergestellt. Zudem können Mischgase mit einem zusätzlichen Aktivgasanteil genutzt werden. Insbesondere die Gashersteller propagieren hierbei eine positive Wirkung auf den Schweißprozess. Es wird somit ergänzend ein Mischgas mit folgender Zusammensetzung erprobt: 2 Vol.-% Sauerstoff, 22 Vol.-% Helium und dem Rest Argon.

In der Versuchsreihe wird der Einfluss der Schutzgasart (Argon, Helium, Mischgas) sowie der zugeführten Menge (17 Nl, 24 Nl) auf die Nahtporosität untersucht. Die Versuche werden mit dem roboterbasierten Einzelfokussystem durchgeführt. Hierbei bleiben die Parameter der folgenden Tabelle 5-1 unverändert. Ergänzend werden in weiteren Versuchen der Einfluss des Düsenabstandes sowie die Anzahl der Düsen analysiert.

Tabelle 5-1: Konstante Laserschweißparameter bei der Schutzgasanalyse

Probenmaße	[mm]	60 x 25 x 5
Material		AlSi12
Nahtart		I-Naht am Stumpfstoß
Badstütze		Glasfasermatten
Fokusdurchmesser f_0	[µm]	300
Fokuslage z_f	[mm]	-2,5
Laserleistung P_L	[W]	5000
Vorschubgeschwindigkeit	[m/min]	2,5
Einstrahlwinkel α	°	8 stechend
Zusatzdraht		

Die Zuführung des Schutzgases erfolgt gemäß Abbildung 5-2 über zwei Röhrchen mit jeweils 10 mm Durchmesser in stechender Anordnung. Die stechende Anordnung würde die Nutzung eines Zusatzdrahtes ermöglichen, der in der Regel schleppend zugeführt wird und ansonsten mit der Schutzgaszuführung kollidieren würde.

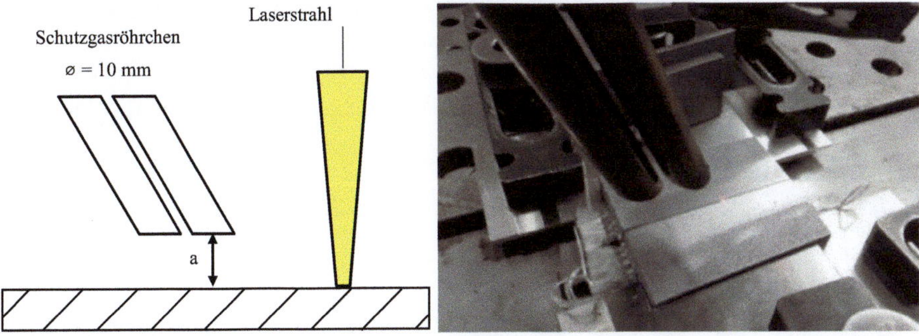

Abbildung 5-2: Darstellung der Schutzgaszufuhr: Größe und Anordnung der Düsen (links) und Foto des verwendeten Systems (rechts)

Der Vergleich der Nahtoberraupen in Abbildung 5-3 zeigt leichte Verfärbungen bei der Nutzung von Argon und dem Mischgas, während die Naht mit Heliumabdeckung eine etwas sauberere und gleichmäßigere Oberfläche aufweist. Die Wurzel wurde nicht begast und zeigt bei allen Nähten ein vergleichbares Bild. Die Struktur der Wurzel wird durch die Badstütze in Form der Glasfasermatte geprägt. Alle Nahtausprägungen werden in der optischen Bewertung und in Bezug auf die gültige Norm DIN 13919-2 als gut bewertet [DIN21]. Es sind keine nennenswerten Anlauffarben oder unzulässige geometrische Nahtfehler zu verzeichnen.

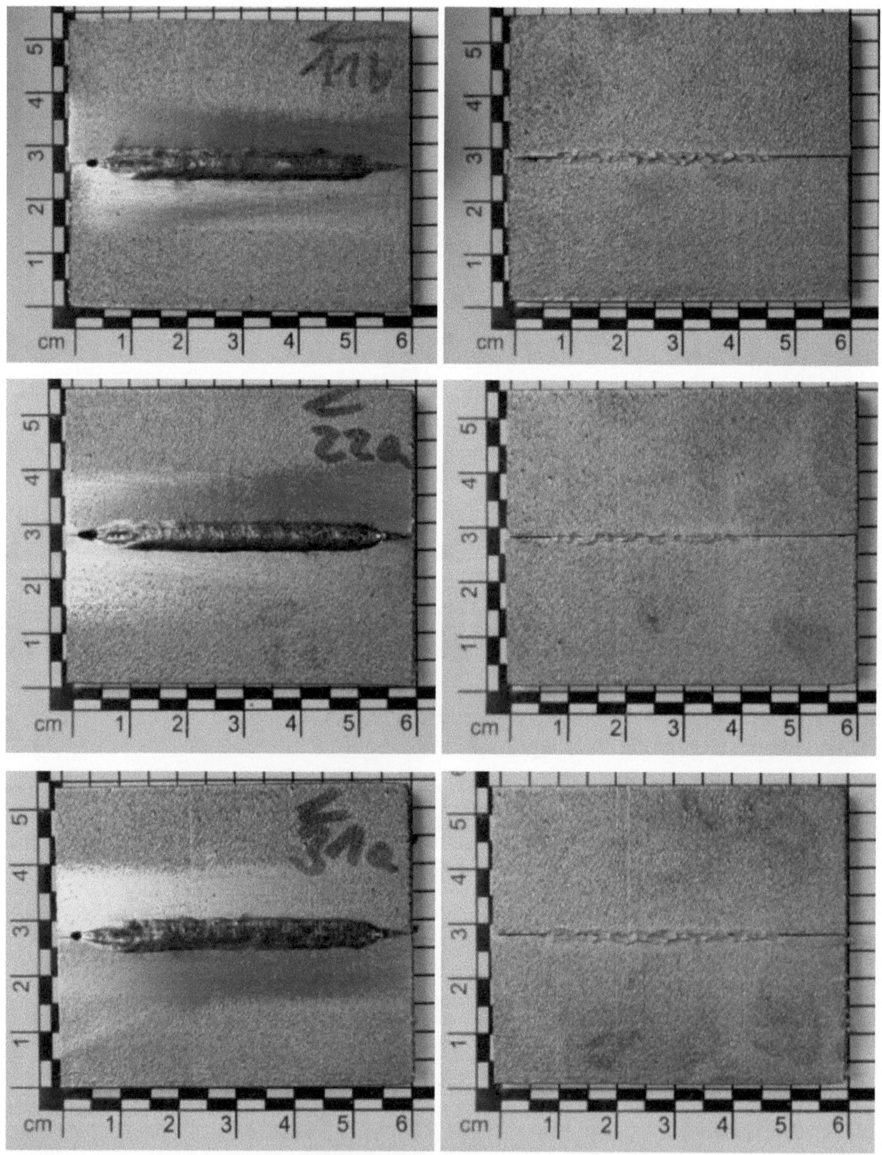

Abbildung 5-3: Vergleich der Nahtoberflächen (links) und -wurzeln (rechts) bei jeweils 17 Nl Durchfluss: Argon (oben), Helium (Mitte), Mischgas (unten)

Bei der Auswertung der Nahtporosität gemäß Abbildung 5-4 zeigt sich, dass Helium wider Erwarten die höchste Porosität aufweist, gefolgt von Argon und dem Mischgas. Weiterhin zeigt sich deutlich, dass bei allen drei Gasen die Nahtporosität mit steigendem Durchfluss geringer wird.

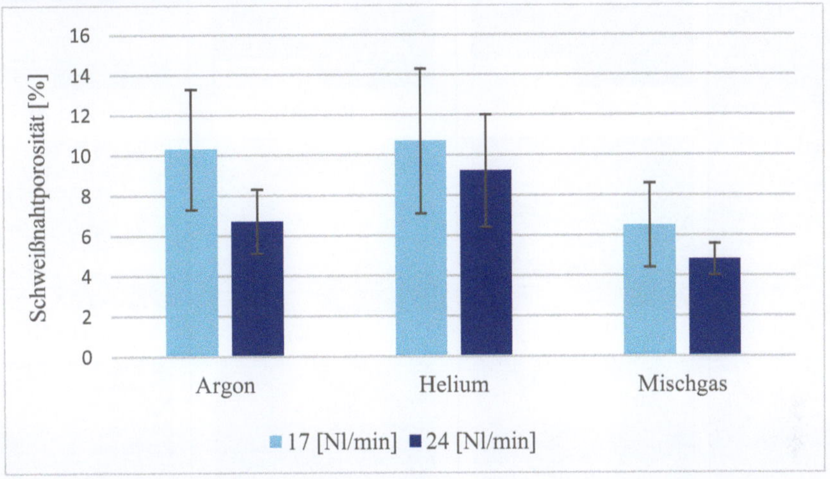

Abbildung 5-4: Vergleich Nahtporosität bei Verwendung von Argon, Helium und dem Mischgas in Abhängigkeit von der Durchflussmenge

Die Schliffbilder in Abbildung 5-5 zeigen jeweils die besten und schlechtesten Proben einer Versuchsreihe im Vergleich. Hierbei zeigt sich die geringe Streuung bei der Nutzung von 24 Nl Mischgas. Zudem wird deutlich, dass die Poren bei allen Proben kreisrund sind. Das heißt es handelt sich ausschließlich um Gasporosität und keine Prozessporen aufgrund eines instabilen Prozesses.

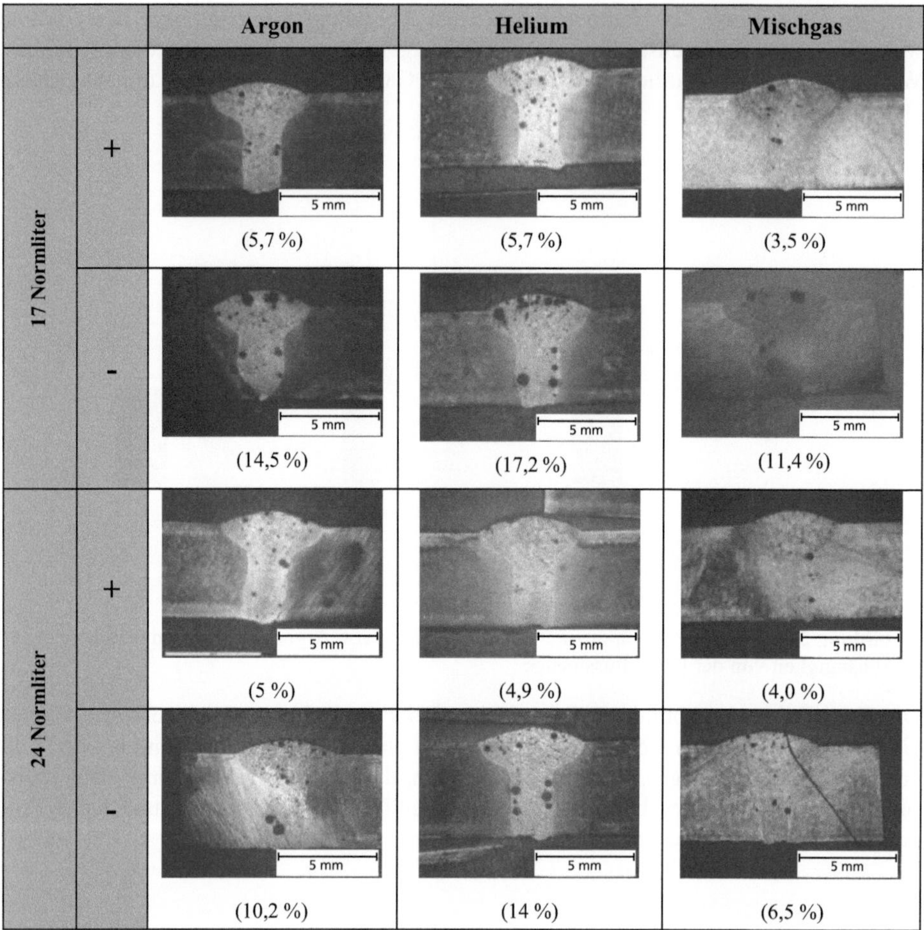

Abbildung 5-5: Vergleich der Schliffbilder der Schweißproben unter Nutzung der Schutzgase Argon, Helium und Mischgas bei jeweils 17 Nl und 24 Nl Durchfluss – Darstellung von jeweils dem besten und schlechtesten Porositätswert

Für die weiteren Versuche wird somit entweder das Mischgas oder aus wirtschaftlichen Gründen Argon verwendet. Mischgase und insbesondere Helium sind teurer und somit nur für besonders anspruchsvolle Anwendungen empfohlen.

5.2 Schweißgeschwindigkeit

Die Schweißgeschwindigkeit ist ein zentraler Parameter beim Laserstrahlschweißen und hat großen Einfluss auf die Produktivität, die geometrische Nahtausprägung und den Schweißverzug. Im Vordergrund dieser Betrachtung steht jedoch der große Einfluss auf die Nahtporosität. Hierbei werden zwei gegenläufige Effekte erwartet:

1. Eine langsame Schweißgeschwindigkeit von rund 1 m/min führt zu einem größeren Schmelzbad, das zeitlich länger offen bleibt. Die Wasserstoffporosität hat somit mehr Zeit, aufzusteigen und im Optimalfall auszugasen. Dem gegenüber

steht der Nachteil, dass auch der Wasserstoff mehr Zeit hat, um in die Schmelze zu diffundieren, und zudem mehr wasserstoffbelasteter Werkstoff aufgeschmolzen wird. Folglich ist mehr Wasserstoff zur Bildung von Poren vorhanden.

2. Bei einer sehr hohen Schweißgeschwindigkeit von > 7 m/min ergibt sich ein geringes Schmelzvolumen, das zudem sehr schnell wieder erstarrt. Der Wasserstoff hat somit wenig Zeit und Volumen, um in die Schmelze einzudringen. Weiterhin haben die kleinen Anfangsporen wenig Zeit, um sich mit weiteren zu verbinden und so eine kritische Größe zu überschreiten.

Um diese Effekte auch im Hinblick auf die Zeit, die bis zur vollständigen Erstarrung vergeht, zu analysieren, wurden die Schweißversuche mit einer Highspeedkamera dokumentiert und die Erstarrungszeiten gemäß Abbildung 5-7 ermittelt. Tabelle 5-2 zeigt den Aufbau sowie die konstanten Parameter dieser Versuchsreihe. Die Laserstrahlleistung wird zur Schweißgeschwindigkeit jeweils so angepasst, dass eine vollständige Durchschweißung erreicht wird.

Tabelle 5-2: Versuchsaufbau mit Highspeedkamera (rechts) sowie konstante Prozessparameter (links)

Probenmaße (L x B x H)	[mm]	60 x 25 x 3	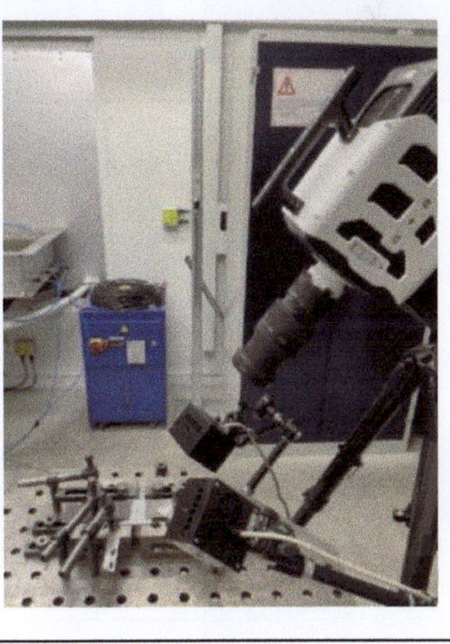
Material		AlSi10Mg	
Nahtart		I-Naht am Stumpfstoß	
Badstütze		ohne	
Fokusdurchmesser f_0	[µm]	300	
Fokuslage z_f	[mm]	-1,5	
Laserleistung P_L	[W]	angepasst	
Einstrahlwinkel α	[°]	8 stechend	
Zusatzdraht			
Schutzgasart		Argon	
Schutzgasmenge	[Nl]	18	
Kamerawinkel β	[°]	55	

Aus den Schliffbildern sowie den Highspeedaufnahmen in Abbildung 5-6 lassen sich die folgenden Erkenntnisse ableiten: Bei langsamen Schweißgeschwindigkeiten (0,5 und 1 m/min) bilden sich sehr breite Nähte aus, deren Schmelzbäder gemäß vorheriger These auch lange offen bleiben. Dennoch können nicht alle Poren rechtzeitig ausgasen. Es verbleiben einige große Poren in der Naht. Insbesondere kurz unter der Nahtoberfläche sind einige Poren im Querschliff erkennbar, die noch nicht die Oberflächenspannung der Schmelze durchbrechen und ausgasen konnten. Bei mittleren Schweißgeschwindigkeiten (5 m/min) ist eine Vielzahl mittelgroßer Poren in der Naht erkennbar. Diese entstehen durch den Zusammenschluss vieler kleiner Poren, haben jedoch nicht genügend Zeit zum Ausgasen und verbleiben in der Mitte der Naht. Je höher die Schweißgeschwindigkeit, desto feiner wird das Porenbild. Statt weniger mittlerer oder großer Poren ist eine Vielzahl fein verteilter kleiner Poren ersichtlich, die so schnell von der Erstarrung eingeholt wurden, dass sie weder Zeit hatten, sich mit anderen Poren zusammenzutun noch aufzusteigen und auszugasen.

Schweiß-geschwindig-keit v_s [m/min]	Querschliff	Längsschliff	Highspeed-aufnahme
0,5	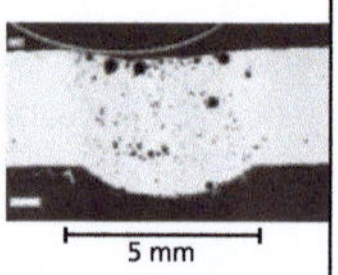	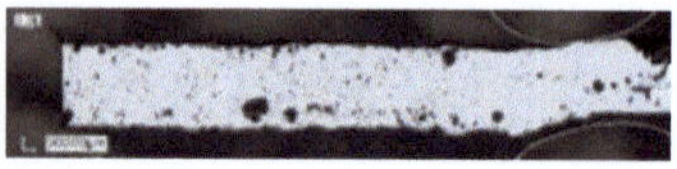	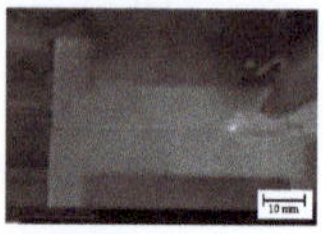
1	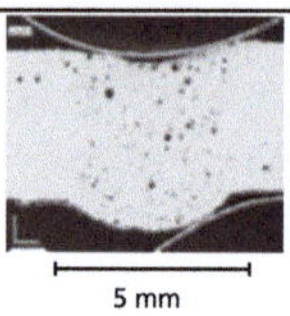		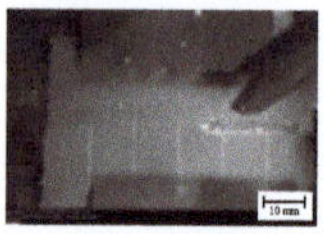
3	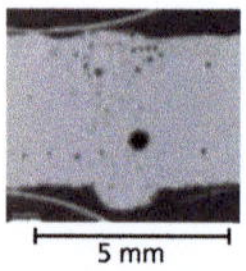	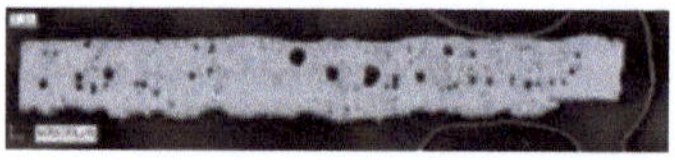	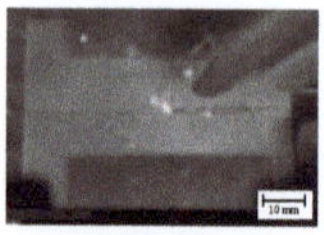
5	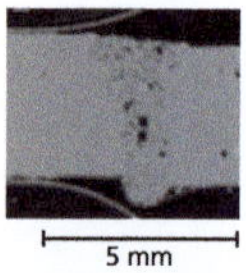	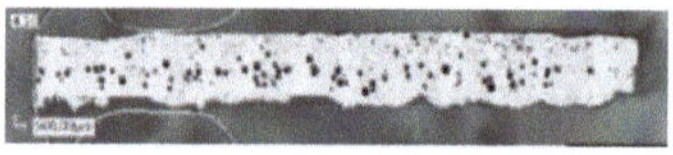	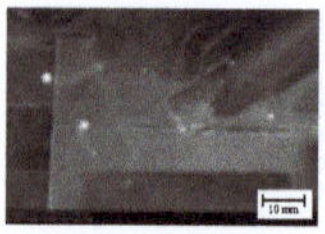
7	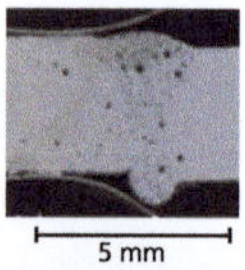	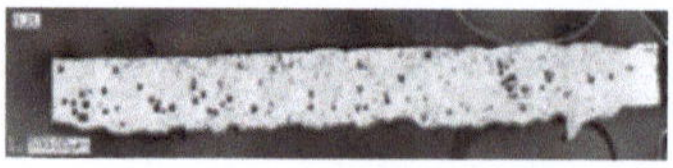	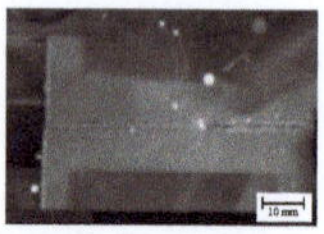
9	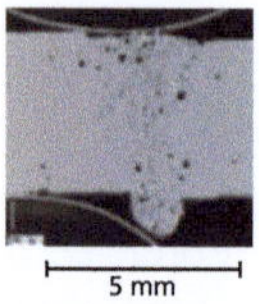	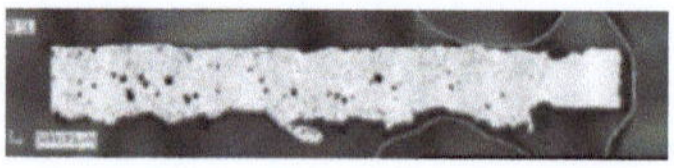	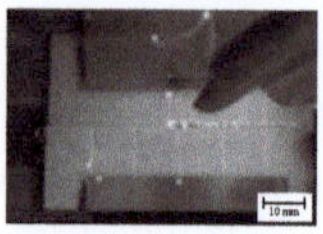

Abbildung 5-6: Prozessergebnisse in Abhängigkeit von der Schweißgeschwindigkeit: Querschliff (links), Längsschliff (Mitte) und Highspeedaufnahme (rechts)

Gemäß Abbildung 5-7 lässt sich eine leichte Tendenz erkennen, dass die prozentuale Nahtporosität bei mittleren Schweißgeschwindigkeiten (5-7 m/min) am höchsten ist und zu sehr hohen oder auch niedrigen Geschwindigkeiten leicht abnimmt. Trotz jeweils zehn ausgewerteter Querschliffe ist diese Tendenz jedoch nicht eindeutig zu belegen. Neben der prozentualen Fläche der Poren ist jedoch auch die Größe der Poren in der Qualitätsbewertung nach DIN 13919-2 relevant [DIN21]. Je höher die Qualitätsanforderung an die Naht, desto kleiner ist das zulässige Maximalmaß der Poren. Die Anforderung nach kleinen Poren kann somit mit einer hohen Schweißgeschwindigkeit erfüllt werden. Hierbei ist die Grenze der Schweißgeschwindigkeit durch das Handhabungsgerät gesetzt. Roboter benötigen für hohe Schweißgeschwindigkeiten eine größere Beschleunigungsstrecke, während CNC-Maschinen oder auch Laser-Remote-Scanner in der Regel problemlos 10 m/min erreichen können.

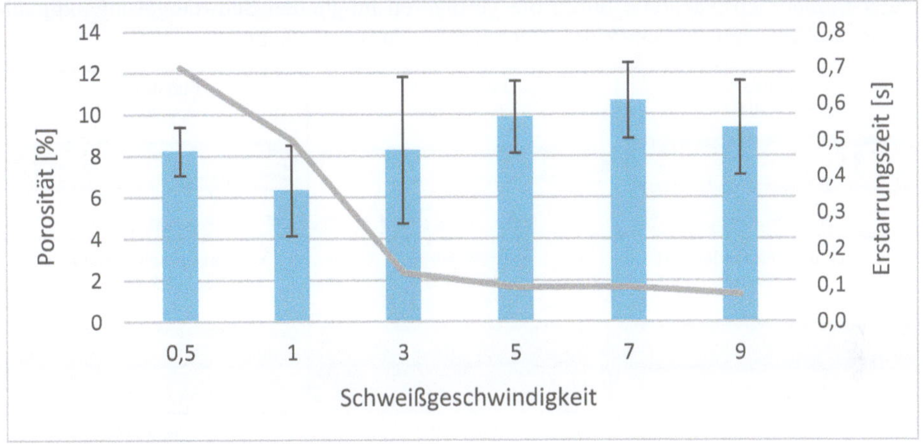

Abbildung 5-7: Schweißnahtporosität inkl. Standardabweichung sowie Zeit zur Erstarrung in Abhängigkeit von der Schweißgeschwindigkeit

5.3 Schweißen mit gepulstem Laser

In einer klassischen Laserschweißnaht bildet sich eine längliche Schmelze mehrerer Millimeter Länge aus, die gemäß dem Schweißvorschub durch das Material bewegt wird. Schliffbilder zeigen dabei Poren, deren Durchmesser den Durchmesser des Laserstrahls deutlich überschreiten. In diesem Abschnitt wird untersucht, inwieweit das Schweißen mit gepulstem Laser einen positiven Einfluss auf die Porenbildung hat. Der Optimierungsansatz ist, dass beim gepulsten Schweißen kein kontinuierliches Schmelzbad vorliegt, sondern dieses mit jedem Puls neu aufgebaut wird. Eine Pore kann somit lediglich die Größe des Schmelzbades eines einzelnen Pulses einnehmen.

Für die Versuche wird das roboterbasierte Einzelfokussystem gemäß Tabelle 3-2 genutzt und abweichend von den anderen Versuchsreihen der gepulste statt des Dauerstrichmodus verwendet. Über eine Vorversuchsreihe wird der in Abbildung 5-8 in der Mitte dargestellte Basisparameter identifiziert, bei dem eine vollständige Anbindung erreicht wird. Davon ausgehend werden die Parameter Frequenz, Pulsdauer, Fokuslage, Vorschubgeschwindigkeit unabhängig voneinander jeweils nach oben und unten variiert, während alle anderen Parameter konstant gehalten werden. Es ergeben sich somit in Abbildung 5-8 jeweils in der Horizontalen, Vertikalen und den Diagonalen zusammengehörende Parametersätze, die alle um den gleichen Mittelwert variieren. Es wird anhand der Längsschliffe deutlich, dass keine vollständige Anbindung erreicht wird, wenn die Frequenz zu niedrig (in diesem Fall 10 Hz) oder die Vorschubgeschwindigkeit zu hoch ist (1,5 m/min). In diesen Fällen zeichnen sich sehr deutlich die einzelnen Pulse im Längsschliff ab, zwischen denen Bindefehler bestehen. Die geringste Porosität wird bei einem sehr niedrigen Vorschub von 0,5 m/min erreicht. In diesem Fall liegt eine so hohe Pulsüberlappung vor, dass sich ähnlich wie beim Schweißen mit Dauerstrichlaser ein durchgehendes Schmelzbad ergibt. Gegenüber dem konventionellen Schweißen mit dem Dauerstrichlaser zeigt sich in den Versuchen keine Verringerung der Nahtporosität. Weiterhin treten auch hier Poren mit einem Durchmesser von bis zu 0,5 mm auf, sodass sich der verfolgte Optimierungsansatz nicht bewährt. Es ergeben sich gegenüber dem Dauerstrichbetrieb Nachteile durch die geringeren möglichen Schweißgeschwindigkeiten, sodass das gepulste Schweißen nicht empfohlen werden kann.

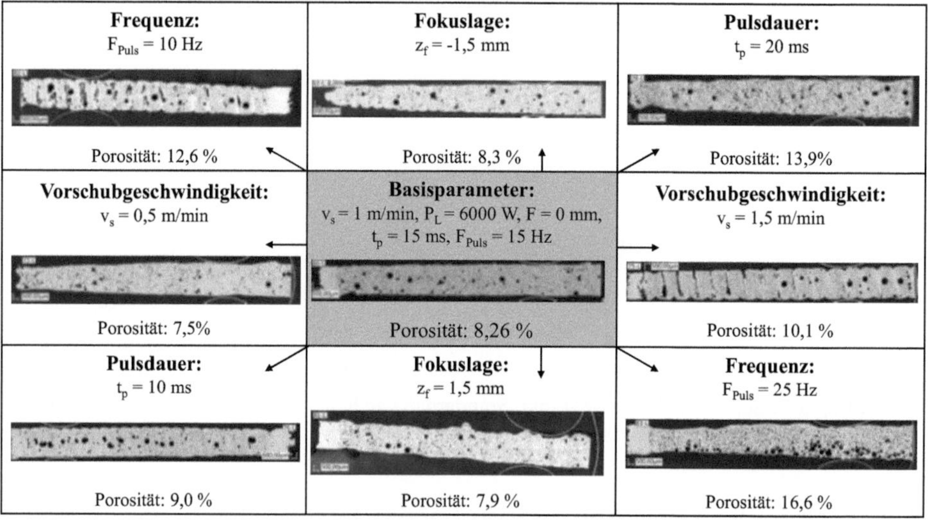

Abbildung 5-8: Schweißergebnisse mit gepulstem Laser – Parametervariation ausgehend von einem Basiswert (in der Mitte grau hinterlegt)

5.4 Strahlpendelung

Die vorherigen Untersuchungen zeigen, dass ein großes Schmelzbad, das lange offen gehalten wird, hilft, die Poren beim Laserstrahlschweißen von lasergeneriertem Aluminium in der noch flüssigen Schmelze aufsteigen und teilweise ausgasen zu lassen. Dem gegenüber steht jedoch das Ziel, möglichst schnell zu schweißen, um wirtschaftlich produzieren zu können. Weiterhin hat ein großes Schmelzbad den Nachteil eines hohen notwendigen Energieeintrages und folglich eines erhöhten Bauteilverzuges sowie eines Nahtdurchhanges durch die schwer kontrollierbare dünnflüssige Aluminiumschmelze. Um dem zu begegnen, werden Versuche mit Strahlpendelung durchgeführt. Über die Wahl der Pendelamplituden lassen sich auch bei höheren Schweißgeschwindigkeiten definierte Schmelzbadbreiten einstellen. Es wird erwartet, dass durch die Strahlpendelung und die daraus folgende Schmelzbaddynamik das Aufsteigen und Ausgasen der Poren positiv beeinflusst wird. Versuche ohne Pendelung zeigen bei niedrigen Schweißgeschwindigkeiten eine Ansammlung von großen Poren unmittelbar unterhalb der Nahtoberfläche. Durch die Strahlpendelung wird erwartet, dass die Oberflächenspannung der Naht so beeinflusst wird, dass diese Poren nun besser ausgasen können.

Geschweißt wird abweichend zu den vorherigen Versuchen mit dem in Tabelle 5-3 dargestellten Versuchsaufbau in einer CNC-geführten Schweißzelle. Genutzt werden die beiden in Tabelle 3-2 dargestellten Multi-Mode- und Single-Mode-Lasersysteme mit hochfrequenten Scansystemen zur Strahlführung. Das Multi-Mode-Lasersystem wird dabei aufgrund von positiven Ergebnissen in Vorversuchen in allen Versuchen mit konstant +6 mm defokussiert, während das Single-Mode-System mit neutraler Fokuslage betrieben wird. Die Bauteile werden mit Spannleisten und technischem Nullspalt sowie freier Wurzel aufgespannt. Die Begasung erfolgt nah an der Oberraupe über eine Schutzgasflöte mit 20 Nl/min Argon.

Tabelle 5-3: Konstante Laserschweißparameter und Versuchsaufbau für Strahlpendelung

Probenmaße (L x B x H)	[mm]	60 x 25 x 3	
Nahtart		I-Naht am Stumpfstoß	
Badstütze		Keine	
Laserneigung α	[°]	-	
Gasart		Argon	
Gaszuführung		2 Düsen stechend	
Gasmenge	[Nl/min]	20	
Zusatzdraht		Ohne	

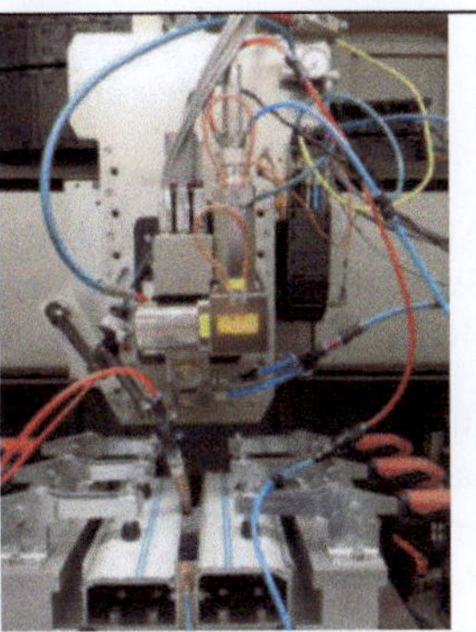

Untersucht wird die Variation von:

- Single-Mode- vs. Multi-Mode-Laser (entsprechend 24 µm Fokusdurchmesser gegenüber 400 µm Fokusdurchmesser)
- Pendelform (gemäß Abbildung 2-8)
- Pendelfrequenz (150 Hz, 300 Hz, 500 Hz, 1000 Hz)
- Amplitude (0,5 mm, 1 mm, 1,5 mm)
- Vorschubgeschwindigkeit (1 m/min, 1,5 m/min, 2 m/min, 3 m/min)

Bei den Versuchen werden mit Ausnahme des zu analysierenden Parameters alle anderen konstant gelassen. Allein die Laserstrahlleistung wird jeweils in kleinen Bereichen so angepasst, dass gerade eine saubere Durchschweißung erzielt wird und somit vergleichbare Verhältnisse mit Entgasungsmöglichkeit nach oben und unten vorliegen.

Gegenüberstellung Single-Mode-Laser und Multi-Mode-Laser

Die direkte Gegenüberstellung von Single-Mode- und Multi-Mode-Laser bei gleichen Pendelparametern zeigt in Abbildung 5-9, dass mit dem defokussierten Multi-Mode-Laser deutlich geringere Nahtporositäten erreicht werden können.

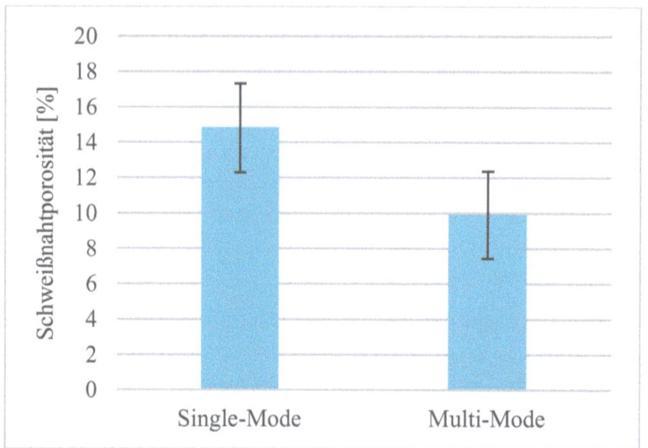

Abbildung 5-9: Gegenüberstellung der gemittelten Nahtporosität sowie deren Standardabweichung von Single-Mode- und Multi-Mode-Laser bei identischen Bewegungsprofilen (vs = 1 m/min, FPendl = 300 Hz, A = 1 mm, Pendelform Kreis)

In Abbildung 5-10 spiegeln sich deutliche Unterschiede im Schliffbild wider, die ebenfalls in einem stark variierenden Leistungsbedarf von 1 kW beim Single-Mode-Laser und 2,7 kW beim Multi-Mode-Laser zum Erreichen der Durchschweißung deutlich werden. Der Multi-Mode-Laser führt zu einem signifikant breiteren Schmelzbad, bei dem sich die Poren im oberen Nahtbereich sammeln. Beim schmaleren Schmelzbad des Single-Mode-Lasers sind diese hingegen über die gesamte Nahttiefe verteilt und insbesondere am Rand der Schmelzzone zu finden. Weiterhin sind nicht alle exakt kreisrund, wie man es von typischen Wasserstoffporen kennt. Dies lässt darauf schließen, dass das schmalere Schmelzbad schneller erstarrt und die Poren von der Erstarrungsfront eingeholt werden, bevor sie die Möglichkeit zum weiteren Aufsteigen haben. Aufgrund der geringeren Porosität werden die folgenden Versuche mit dem Multi-Mode-Laser durchgeführt.

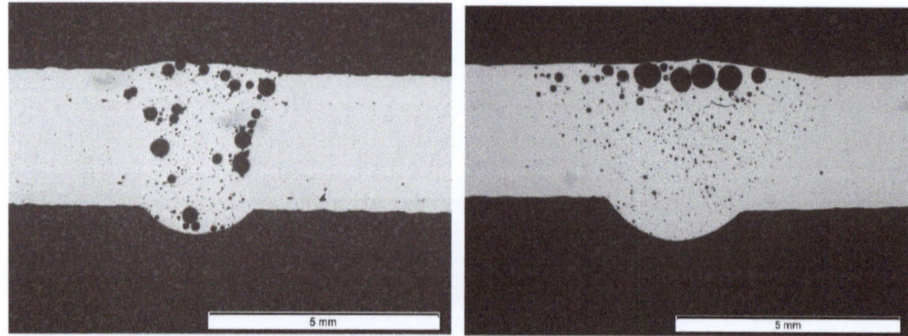

Abbildung 5-10: Gegenüberstellung der Schliffbilder von Single-Mode-Laser (links) und Multi-Mode-Laser (rechts) bei identischen Bewegungsprofilen. Konstant: vs = 1 m/min, FPendl = 300 Hz, A = 1 mm, Pendelform Kreis

Einfluss von Frequenz und Amplitude

Die Auswertung verschiedener Frequenzen und Amplituden des Multi-Mode-Systems bei der kreisförmigen Strahlbewegung zeigt gemäß Abbildung 5-11 die besten Ergebnisse bei einer geringen Amplitude von 0,5 mm. Zu erklären ist dies durch das deutlich schmalere Schmelzbad, in dem die zu Beginn einzelnen kleinen Poren weniger Zeit haben, sich zu großen Poren zusammenzuschließen und aufzusteigen. In Abbildung 5-12 lassen sich bei der niedrigen Amplitude von 0,5 mm fein verteilte kleine Poren erkennen, während sich diese bei der Amplitude von 1,5 mm zu großen Poren zusammengeschlossen haben, die sich im oberen Bereich der Naht sammeln und von der erstarrenden Schmelze eingeschlossen werden. Der Effekt, dass diese aufgrund der breiteren Naht und der folglich langsameren Erstarrung ausreichend Zeit zum Ausgasen haben, stellt sich somit bei dieser Schweißgeschwindigkeit nicht ein.

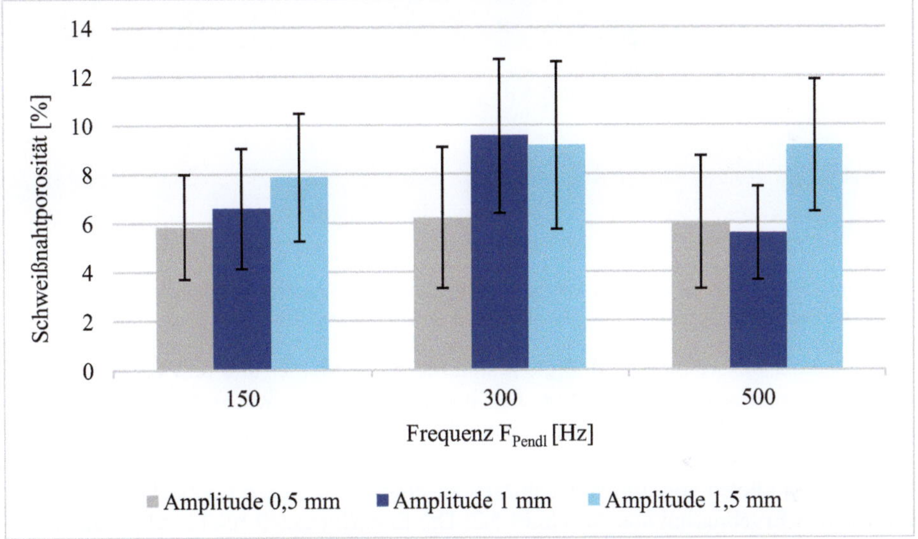

Abbildung 5-11: Vergleich der gemittelten Nahtporosität mit dem Multi-Mode-Laser bei verschiedenen Frequenzen und Amplituden. Konstant sind die Schwingungsform „o" und vs = 2 m/min

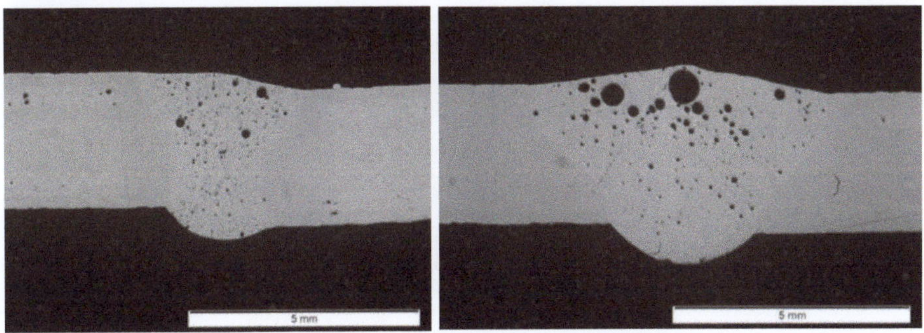

Abbildung 5-12: Gegenüberstellung der Nahtquerschnitte mit 0,5 mm Schwingungsamplitude (links) und 1,5 mm Schwingungsamplitude (rechts). Konstant: vs = 2 m/min, FPendl = 150 Hz, Schwingungsform „o"

Einfluss der Schweißgeschwindigkeit

Die Abbildung 5-13 Abbildung 5-14 zeigen den Einfluss der Schweißgeschwindigkeit auf die Nahtporosität bei gleicher Frequenz und Amplitude bei kreisförmiger Strahlbewegung.

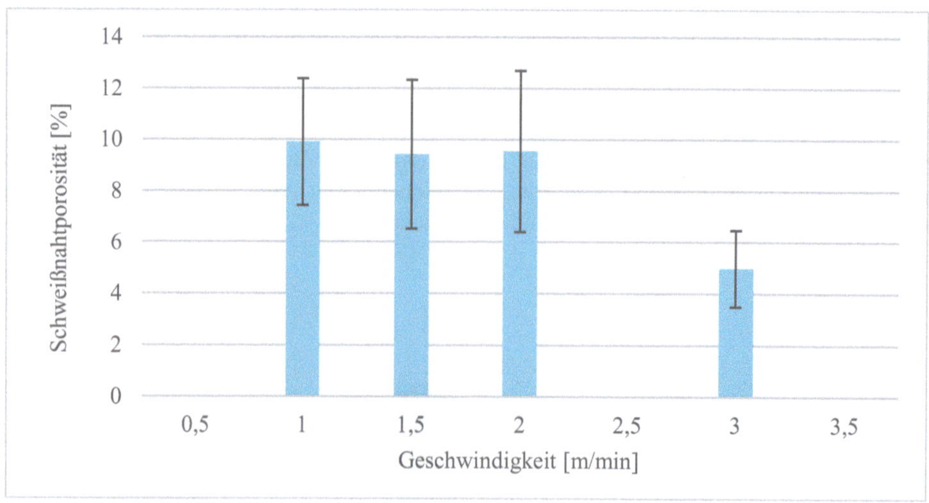

Abbildung 5-13: Einfluss der Schweißgeschwindigkeit auf die gemittelte Nahtporosität und Standardabweichung. Konstant: F_{Pendl} = 300 Hz, A = 1 mm, Pendelform „o"

Mit steigender Schweißgeschwindigkeit sind die Poren kleiner und fein verteilt, da diese bei der schnelleren Erstarrung keine Zeit haben, sich zu großen Poren zusammenzutun und aufzusteigen. Die Schweißgeschwindigkeit von 1 m/min zeigt, dass die Naht im unteren Bereich porenarm ist, da die Poren bereits aufgestiegen sind und sich im oberen Nahtbereich in Form von großen Gasblasen zusammentun. Diese Beobachtungen decken sich mit den Ergebnissen aus Abschnitt 5.2. Die Erstarrungszeit reicht jedoch auch bei 1 m/min nicht aus, um die Poren vollständig entgasen zu lassen. Zudem ist bei der Probe zu erkennen, dass das deutlich größere Schmelzbad einen größeren Durchhang aufweist. Je geringer die Schweißgeschwindigkeit, desto notwendiger werden bei den bewusst aufgeweiteten Schmelzbädern somit Maßnahmen zur Schmelzbadkontrolle wie z. B. Badstützen. Weiterhin wurde die Streckenenergie beim Sprung von 1 m/min auf 3 m/min um mehr als Faktor 2 reduziert, was sich positiv auf den Schweißverzug auswirkt.

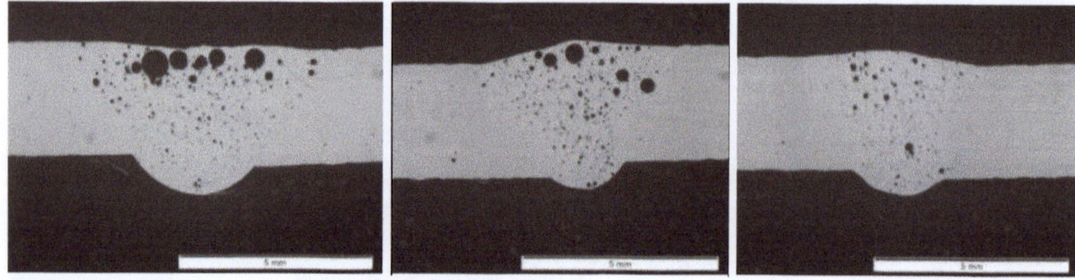

Abbildung 5-14: Einfluss der Schweißgeschwindigkeit auf die Nahtporosität. Darstellung der Querschliffe: 1 m/min (links), 2 m/min (Mitte), 3 m/min (rechts). Konstant: F_{Pendl} = 300 Hz, A = 1 mm, Pendelform „o"

Einfluss der Pendelform

Verglichen werden die Pendelformen „Kreis", „Acht", „unendlich" sowie lineares Pendeln (quer und längs zur Vorschubrichtung) mit der Referenz ohne Strahlbewegung. Abbildung 5-15 zeigt den Einfluss der Bewegungsformen auf den Nahtquerschnitt sowie die Breite und Ausprägung der Oberraupe. Anders als beim Single-Mode-Laser beeinflusst der defokussierte Multi-Mode-Laser insbesondere den oberen Nahtbereich. Durch die Aufweitung stellt sich ein kelchförmiges Strahlprofil ein. In der Prozessbeobachtung und auch der Analyse der Nahtoberraupen zeigt sich ein ruhigerer Prozess.

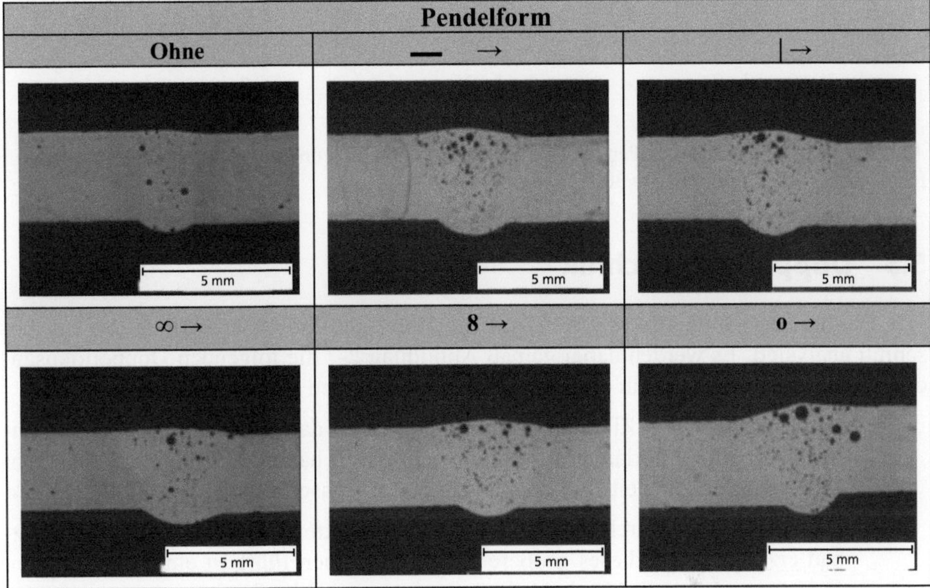

Abbildung 5-15: Vergleich der Schliffbilder bei unterschiedlichen Pendelformen (gemäß Abbildung 2-8). Konstant: vs = 2 m/min, F_{Pendl} = 300 Hz, A = 1 mm

Zwischen den verschiedenen Pendelformen sind gemäß Abbildung 5-16 keine signifikanten Unterschiede der resultierenden Porosität zu identifizieren. Einzig die kreisförmige Pendelform zeigt eine etwas erhöhte Porosität und auch eine erhöhte Streuung der Messergebnisse. Ersichtlich ist jedoch, dass es durch die Strahlpendelung zu einer leichten Erhöhung der Porosität im Vergleich zu den Versuchen mit stationärem Laserstrahl gekommen ist. Dies bestätigt die in Abschnitt 2.2.2 dargestellten Ergebnisse von Standfuß [Sta13], bei denen die Strahlpendelung zu einer Beruhigung des Prozesses, dabei jedoch zu einer leichten Erhöhung der Porosität geführt hat.

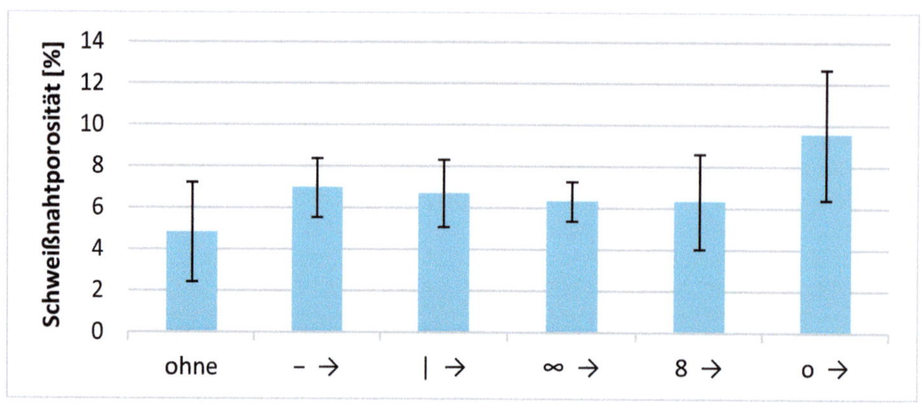

Abbildung 5-16: Einfluss der Pendelform auf die Nahtporosität und deren Standardabweichung. Konstant: v_s = 2 m/min, F_{Pendl} = 300 Hz, A = 1 mm

5.5 Doppelfokustechnik

Der Einfluss der Doppelfokustechnik auf die Wasserstoffporosität wird in diesem Abschnitt analysiert. Es werden dabei gemäß Abbildung 2-7 die folgenden Doppelfokusanordnungen untersucht und mit einem klassischen singulären Fokuspunkt verglichen:

1. Tandemanordnung: Ziel dieser Anordnung ist es, das Schmelzbad bei einer ähnlichen Breite zu verlängern und länger offen zu halten. Die Poren in der Naht sollen damit mehr Zeit zum Aufsteigen und Ausgasen haben.

2. Queranordnung: Durch zwei parallele Fokuspunkte wird ein breiteres Schmelzbad erzeugt. Auch dieses größere Schmelzvolumen führt zu einer langsameren Erstarrung und mehr Möglichkeiten zur Ausgasung der Poren.

Durchgeführt werden die Versuche mit dem Doppelfokussystem dargestellt in Tabelle 3-2 auf Seite 33. Die Parameter in Tabelle 5-4 werden konstant gehalten und die Laserstrahlleistung jeweils so gewählt, dass eine vollständige Durchschweißung erzielt wird.

Tabelle 5-4: Konstante Laserschweißparameter und Versuchsaufbau für Doppelfokusversuche

Probenmaße (L x B x H)	[mm]	60 x 25 x 5	
Nahtart		I-Naht am Stumpfstoß	
Badstütze		Keine	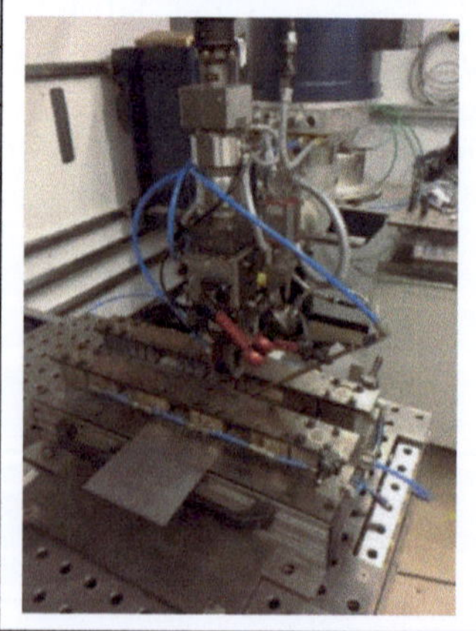
Fokusdurchmesser f_0	[µm]	100	
Fokusabstand	[µm]	300	
Fokuslage f	[mm]	-2	
Laserneigung α	[°]	-	
Gasart		Argon	
Gaszuführung		1 Düse stechend	
Gasmenge	[Nl/min]	20	
Zusatzdraht		ohne	

Im Folgenden wird zunächst die Anordnung der Laserspots zueinander betrachtet und damit analysiert, ob ein breiteres oder ein längeres Schmelzbad zielführend ist. Die Schliffbilder in Abbildung 5-17 zeigen den Einfluss der Doppelfokustechnik bei einer Vorschubgeschwindigkeit von 4 m/min. Sowohl bei der Tandem- als auch bei der Queranordnung wird das Schmelzbad in der Nahtmitte etwas breiter. Bei der Tandemanordnung verstärkt sich die Tulpenform der klassischen Naht durch eine breitere Ausprägung vor allem im oberen Nahtbereich, während bei der Queranordnung auch der mittlere Nahtbereich deutlich aufgeweitet wird und sich eine keilförmige Naht ausprägt. Dies zeigt sich auch in den Porenbildern. Bei der Naht mit nur einem Einzelfokus sammeln sich viele größere Poren im unteren Nahtbereich, deren Aufsteigen durch die schmale Tulpenform sowie das schnelle Erstarren der Naht erschwert wird. Demgegenüber steigen die Poren in der Tandemanordnung etwas weiter auf, da das Schmelzbad länger offen gehalten wird. Sie verbleiben jedoch in der mittleren oberen Nahthälfte. Ähnlich verhält es sich bei der Queranordnung; auch hier verbleiben die Poren im unteren und mittleren Nahtbereich, sind jedoch im Wesentlichen an den Nahtflanken zu finden.

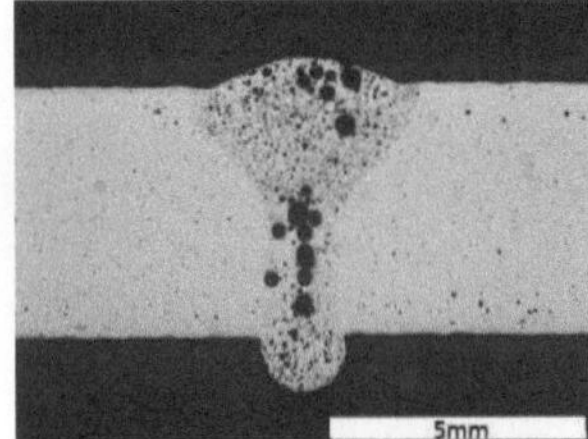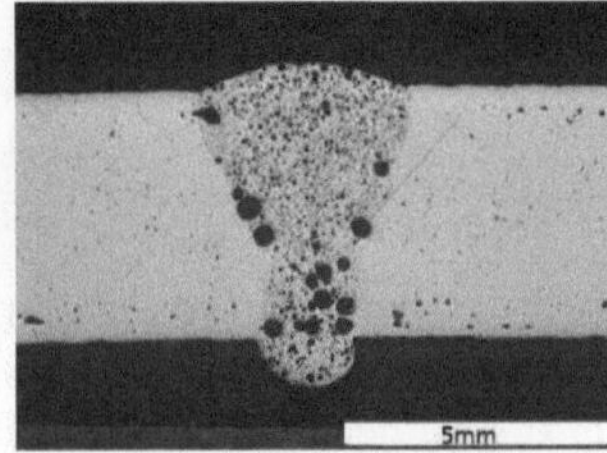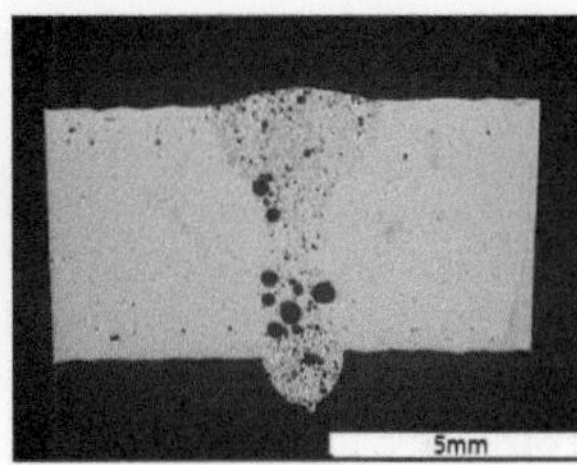

Abbildung 5-17: Vergleich der Nahtformen bei unterschiedlichen Fokusanordnungen: Doppelfokus Tandemanordnung (links), Doppelfokus Queranordnung (Mitte), Einzelfokus (rechts). Konstant: v_s = 4 m/min, z_f = -2 mm

Die Anordnung „quer" führt gemäß Abbildung 5-18 zu einer etwas geringeren Nahtporosität als die Tandemanordnung. Dieser Effekt kann jedoch trotz zehn ausgewerteter Schliffbilder je Parameter aufgrund der großen Streuung nicht als signifikant angesehen werden. Weiterhin zeigt sich, dass die Referenzschweißnähte mit vergleichbaren Parametern, jedoch nur einem Laserfokus, geringere Porosität aufweisen als die Doppelfokusnähte.

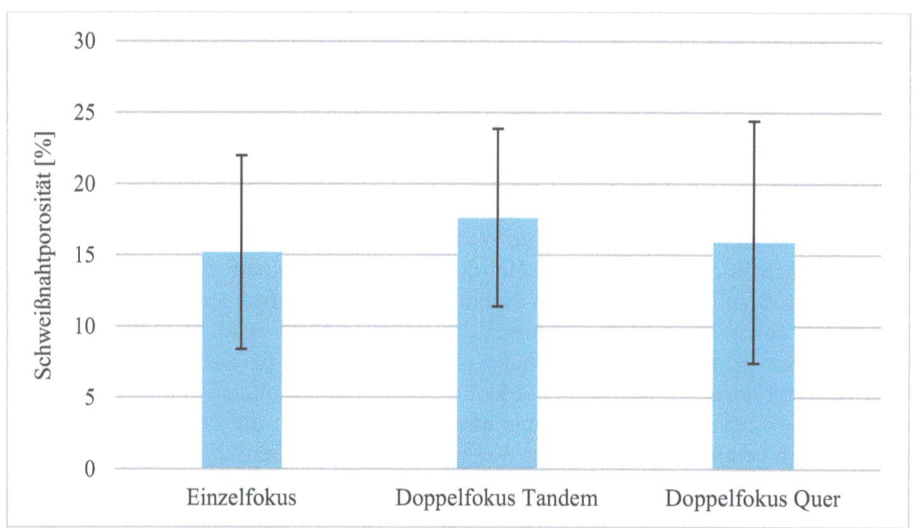

Abbildung 5-18: Porositätsvergleich der unterschiedlichen Fokusanordnungen. Konstant:
v_s = 4 m/min, f_0 = 100 μm, z_f = -2 mm

Bei der langsameren Vorschubgeschwindigkeit von 1 m/min prägen sich gemäß Abbildung 5-19 bei beiden Doppelfokusanordnungen breitere Nähte mit einer homogenen Porositätsverteilung aus, bei der die größeren Poren weitestgehend ausgasen können und über den Querschliff verteilt kleine Wasserstoffporen in der Naht verbleiben. Im Gegensatz zu den vorherigen Ergebnissen zeigt sich hier der Effekt, dass durch die länger offene Schweißnaht bei langsamen Schweißgeschwindigkeiten das Ausgasen der Poren ermöglicht wird und die Porosität gemäß Abbildung 5-20 sinkt. Unterstützt wird dies durch die erzwungene Aufweitung der Naht durch die beiden Laserfoki.

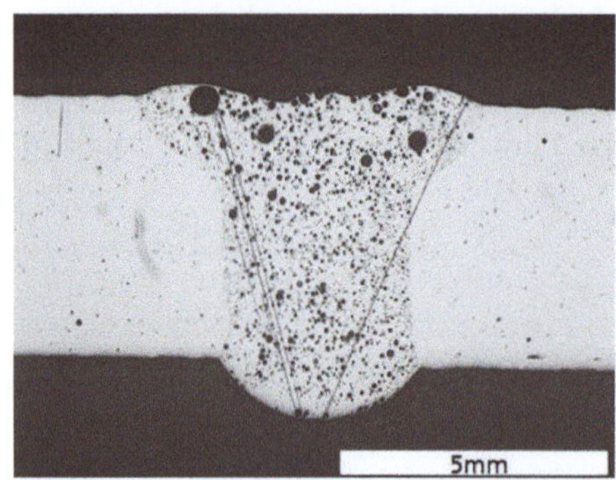

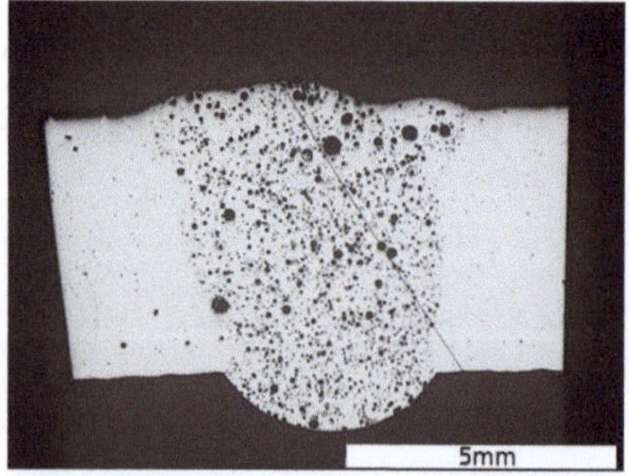

Abbildung 5-19: Porositätsvergleich der unterschiedlichen Fokusanordnungen bei niedriger Vorschubgeschwindigkeit von 1 m/min: Tandemanordnung (links) und Queranordnung (rechts). Konstant: z_f = -2 mm

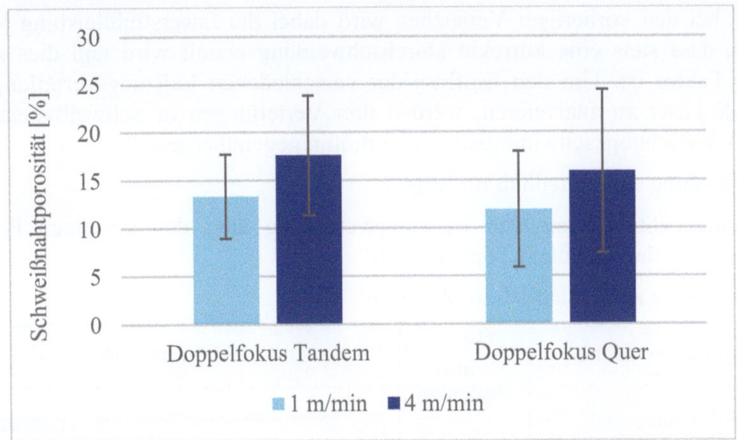

Abbildung 5-20: Porositätsvergleich der unterschiedlichen Fokusanordnungen in Abhängigkeit von der Vorschubgeschwindigkeit. Konstant: f_0 = 100 µm, z_f = -2 mm

Es lässt sich zusammenfassen, dass durch die Doppelfokustechnik keine Reduktion der Wasserstoffporosität im Querschliff zu erreichen ist. Die Grundidee der Doppelfokustechnik, die Stabilisierung des Schweißprozesses, zeigt sich durch eine leichte Glättung der Nahtoberflächen. Weiterhin bestätigt sich die im Stand der Technik beschriebene Motivation zur Nutzung der Doppelfokustechnik, die Unterbindung von Prozessporen. Es sind keine Prozessporen in den Nähten zu identifizieren. Beide Aspekte sind jedoch auch bei den Nähten mit Einzelspot unkritisch, sodass die Mehrkosten der Doppelfokustechnik hier als nicht gerechtfertigt angesehen werden.

5.6 Ring-Mode-Laser

Um den Einfluss der variablen Leistungsverteilungen der Ring-Mode-Laser-Technologie auf die Porosität beim Laserstrahlschweißen der L-PBF-Aluminiumbauteile zu untersuchen, werden Versuche mit dem in Tabelle 3-2 dargestellten Ring-Mode-Laser Equipment durchgeführt und dabei die folgenden Parameter konstant gehalten.

Tabelle 5-5: Konstante Laserschweißparameter und Versuchsaufbau für Ring-Mode-Versuche

Probenmaße (L x B x H)	[mm]	60 x 25 x 3	
Nahtart		I-Naht am Stumpfstoß	
Badstütze		Keine	
Fokusdurchmesser f_0	[µm]	150 (Kern)/435 (Ring)	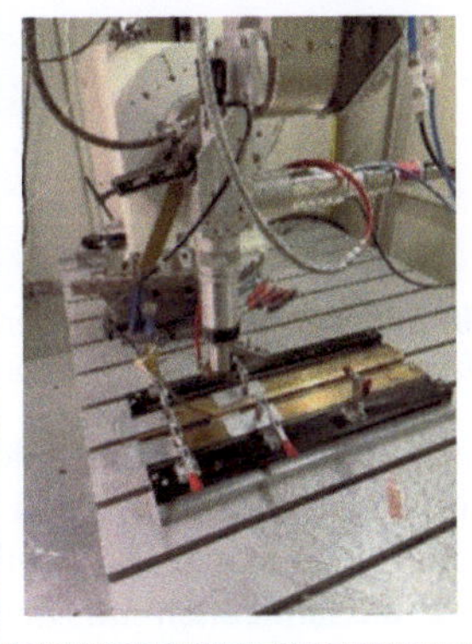
Fokuslage f	[mm]	+3	
Laserneigung α	[°]	-	
Gasart		Argon	
Gaszuführung		1 Düse stechend	
Gasmenge	[Nl/min]	15	
Zusatzdraht		ohne	

Wie auch bei den vorherigen Versuchen wird dabei die Laserstrahlleistung jeweils so angepasst, dass stets eine korrekte Durchschweißung erzielt wird und dies somit der konstante Faktor ist. Um den Einfluss der verschiedenen Leistungsverteilungen beim Ring-Mode-Laser zu analysieren, werden drei Verteilungen in Schweißversuchen mit konstanter Vorschubgeschwindigkeit von 3 m/min gegenübergestellt:

1. Leistung ausschließlich im Ring

2. eine nahezu homogene Leistungsverteilung über den gesamten Fokusquerschnitt ähnlich einem TopHat-Profil

3. Leistung ausschließlich im Zentrum

Leistungsverteilung		Quer-schliff	Längsschliff
	Zentrum: -		
	Ring: 2.250 W		
	Zentrum: 300 W		
	Ring: 2.000 W		
	Zentrum: 1.400 W		
	Ring: -		

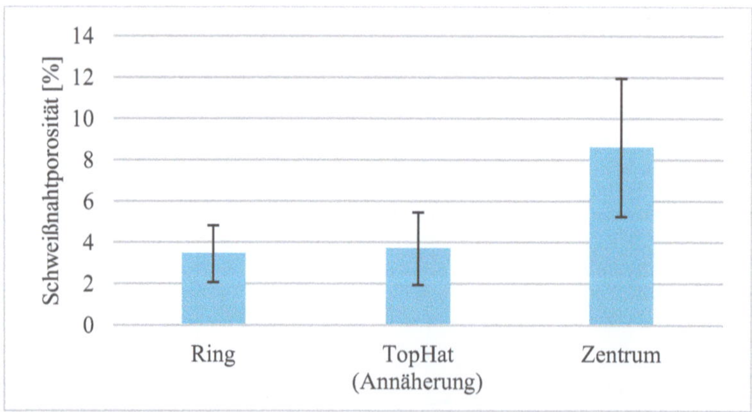

Abbildung 5-21: Vergleich der Leistungsverteilungen beim Ring-Mode-Laser: Längs- und Querschliffe (oben) und Porosität (unten). Konstante Schweißparameter: v_s = 3 m/min, z_f = +3 mm

Beim Vergleich zwischen der Leistung ausschließlich im Ring und der homogenen Verteilung zwischen Ring und Zentrum zeigt sich in Abbildung 5-21 nur ein marginaler Unterschied in den Schliffbildern und der prozentualen Porosität. Im Vergleich zur Leistung ausschließlich im Zentrum ergibt sich eine breitere und deutlich porenärmere

Schweißnaht. Als Ursache für die deutlich höhere Porosität bei der Leistung ausschließlich im Zentrum wird die eingeschränkte Möglichkeit zur Ausgasung angenommen. Die Naht ist deutlich schlanker, verläuft weitestgehend parallel. Weiterhin wird mit 1,4 kW statt 2,25 kW deutlich weniger Leistung zur Erzielung der Durchschweißung genutzt. Sowohl die parallele Nahtform als auch die geringere Laserleistung sprechen für eine schnellere Erstarrung ausgehend von den Nahtflanken, sodass die Poren in der Naht eingeschlossen werden, bevor sie nach oben ausgasen können. Dies lässt sich auch in den Schliffbildern ablesen, die vereinzelte Poren zeigen, die noch nicht die Zeit hatten, sich klassisch kreisrund auszuformen. Dies spricht für eine extrem schnelle Erstarrung und ein unruhiges Schmelzbad. Empfohlen wird somit das Schweißen ausschließlich mit dem Ring, was die homogenste Leistungseinbringung ermöglicht und sowohl zu den geringsten Porositätswerten als auch zur geringsten Streuung der Ergebnisse führt.

Ring Mode	Vorschub	Längsschliff
	1,5 m/min	
	3 m/min	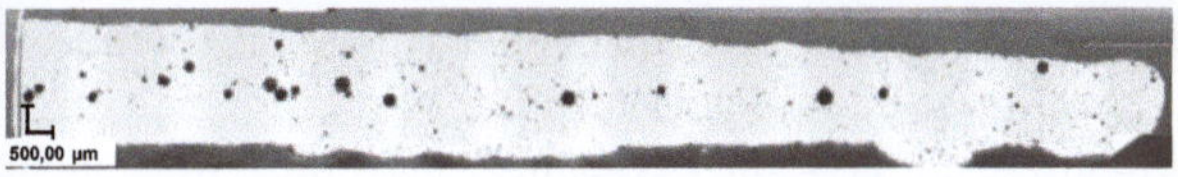
	6 m/min	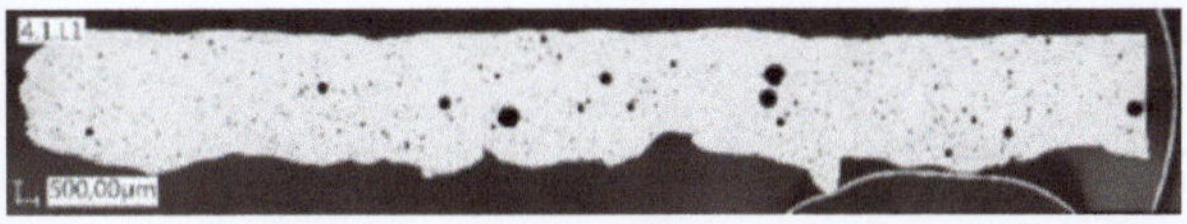
	9 m/min	

Abbildung 5-22: Vergleich der Längsschliffe bei unterschiedlichen Vorschubgeschwindigkeiten. Konstante Schweißparameter: $z_f = +3$ mm, Leistung ausschließlich im Ring

Sowohl die Querschliffe als auch die Auswertung der Porosität in Abbildung 5-23 zeigen, dass bei dieser Ring-Mode-Laser-Konfiguration kein signifikanter Einfluss der Schweißgeschwindigkeit auf die prozentuale Porosität vorliegt. Lediglich die Streuung und auch die Verteilung der Porengröße variiert.

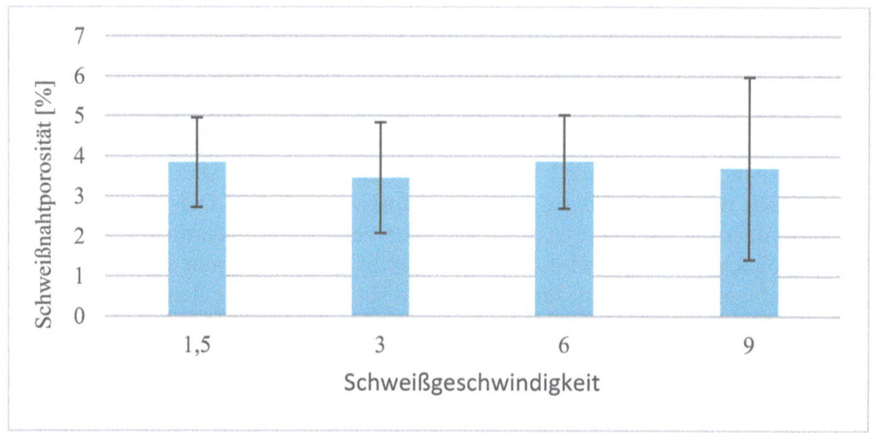

Abbildung 5-23: Vergleich der Porosität bei unterschiedlichen Vorschubgeschwindigkeiten. Konstante Schweißparameter: z_f = +3 mm, Leistung ausschließlich im Ring

Diese Versuchsreihe wurde mit L-PBF-Proben der gleichen Charge (identische Pulvercharge und gleicher L-PBF-Baujob) wie die Geschwindigkeitsversuche in Kapitel 5.2 durchgeführt. Hiermit ergibt sich die Möglichkeit, Vergleiche zu ziehen, auch wenn anderes Equipment an einem anderen Tag genutzt wurde. Im Vergleich der Schliffbilder und den Messwerten der Porosität zwischen den Ergebnissen aus Abbildung 5-6 und Abbildung 5-22 lässt sich erkennen, dass die Porosität bei vergleichbaren Schweißgeschwindigkeiten bei der Nutzung des Ring-Mode-Lasers jeweils geringer als bei Nutzung eines Standardlasers ausfällt.

5.7   Schweißstrategien für hybride Verbindung

Für das Schweißen von hybriden Verbindungen, d. h. der Kombination eines konventionell hergestellten Materials (Blech, Extrusion, Guss etc.) mit einem L-PBF-Bauteil, ergeben sich weitere effektive Optimierungsmöglichkeiten. Ziel ist es, den Schmelzanteil des L-PBF-Bauteils so gering wie möglich zu halten und stattdessen die stoffschlüssige Verbindung vor allem durch den Schmelzanteil des klassischen Fügepartners zu erzeugen. Anhand der I-Naht am Stumpfstoß wird dies in Abbildung 5-24 dargestellt. Von links nach rechts wird die Naht zunächst 0,5 mm im L-PBF-Material positioniert, dann 0,2 mm, mittig, auf der rechten Seite 0,2 und 0,5 mm im Blechmaterial. Das Blech besteht aus der gängigen Legierung AlMg3. Es zeigt sich, dass der Porenanteil stetig abnimmt, je weniger L-PBF-Material aufgeschmolzen wird. Es ist zudem innerhalb der Naht zu erkennen, dass der Porenanteil im Bereich der Schmelzlinie des L-PBF-Materials am höchsten ist und in Richtung der Schmelzlinie des Blechmaterials abnimmt. Zu beachten ist dabei, dass weiterhin eine vollständige Anbindung sichergestellt wird. Bei den Proben mit 0,5 mm Versatz zeigt sich im unteren Nahtbereich, dass der gegenüberliegende Fügepartner nicht mehr vollständig aufgeschmolzen und angebunden wird. Der maximale Versatz ist somit an die Nahtbreite anzupassen. Anhand der Schweißnahtqualität wird deutlich, dass das Schweißverhalten der Materialien abweichend ist. Der Parametersatz wurde für das Schweißen von L-PBF-Bauteilen entwickelt, wo er auch die angestrebte Nahtqualität erzeugt. Beim Schweißen von Blech kommt es zu einem unruhigeren Prozess mit Auswürfen und folglich Nahteinfall bzw. Wurzel. Hierfür wäre der Prozess anzupassen, worauf in diesem Fall zur Sicherstellung der Vergleichbarkeit verzichtet wurde.

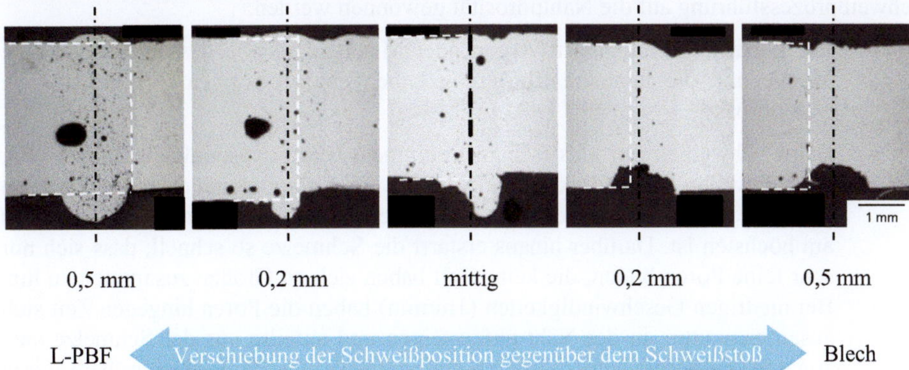

Abbildung 5-24: Einfluss der Nahtverschiebung bei hybrider Verbindung aus L-PBF-Material (jeweils links) und konventionellem Blech (jeweils rechts) – schwarz gestrichelt: Nahtmitte; weiß gestrichelt: Umriss des L-PBF-Bauteils vor dem Schweißen – Parameter: P_L = 1,9 kW, v_s = 3 m/min, f_0 = 300 µm, f = -1,5 mm

Das gleiche Prinzip lässt sich, wie in Abbildung 5-25 anhand der I-Naht am Überlappstoß dargestellt, auch auf andere Stoß- und Nahtarten übertragen. Auch hier wurde die Einschweißtiefe so gewählt, dass eine geringstmögliche Menge an laseradditiv gefertigtem Material aufgeschmolzen wird. Somit konnte ebenfalls eine nahezu porenfreie Naht erzeugt werden.

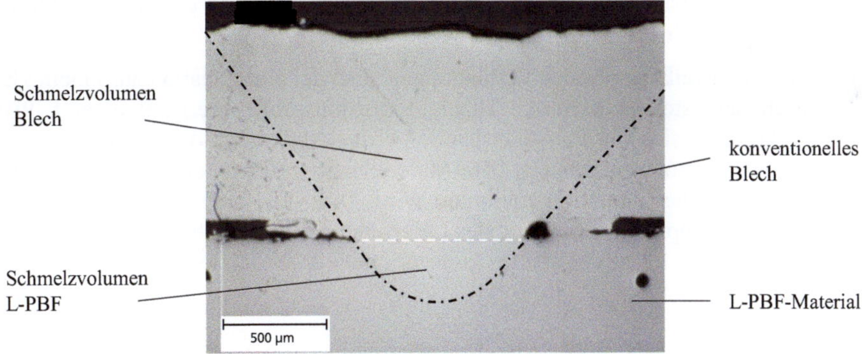

Abbildung 5-25: Hybride Verbindung aus konventionellem Blech (oben) und L-PBF-Material (unten) als I-Naht am Überlappstoß – porositätsarm durch minimalen Schmelzanteil des L-PBF-Materials - Parameter: P_L = 2 kW, v_s = 3 m/min, f_0 = 300 µm, z_f = -1,5 mm

5.8 Zusammenfassung der Schweißprozessanalyse

In diesem Kapitel konnten zusammenfassend folgende Erkenntnisse zum Einfluss der Schweißprozessführung auf die Nahtporosität gewonnen werden:

- Die korrekte Schutzgasart (Argon oder Mischgas) sowie dessen ausreichende Menge und die laminare Zuführung haben einen positiven Einfluss auf die Nahtporosität.

- Beim Schweißen mit klassischem Equipment (ein Fokuspunkt) lässt sich über die Schweißgeschwindigkeit Einfluss auf die Nahtporosität nehmen. Es zeigt sich eine Tendenz, dass diese bei mittleren Geschwindigkeiten (ca. 5 m/min) am höchsten ist. Darüber hinaus erstarrt die Schmelze so schnell, dass sich nur sehr feine Poren bilden, die keine Zeit haben sich zu Größen zusammen zu tun. Bei niedrigen Geschwindigkeiten (1m/min) haben die Poren hingegen Zeit sich zusammenzutun, in der Naht aufzusteigen und anteilig aus der Schmelze auszugasen. Es verbleiben somit eine geringere Anzahl, dafür aber größere Poren in der Naht.

- Die beim Aluminiumschweißen meist zur Prozessberuhigung genutzten Strategien der Strahlpendelung sowie das Doppelfokusschweißen konnten keinen positiven Effekt auf die Nahtporosität zeigen. Ebenso konnte durch das gepulste Schweißen keine Reduktion der Porosität erreicht werden.

- Eine Reduktion der Nahtporosität lässt sich mittels Ring-Mode-Laser-Technologie erzielen, wenn die Laserstrahlleistung dabei ausschließlich über den ringförmigen Fokus eingebracht wird. Gegenüber der Leistungseinbringung ausschließlich im Kern sowie auch im Vergleich zum klassischen Equipment mit Leistungsüberhöhung im Fokusmittelpunkt ergibt sich eine signifikante Reduktion der Porosität.

- Beim Schweißen hybrider Verbindungen, also der Kombination aus einem klassisch hergestellten Material (Blech, Extrusionsprofil, etc.) mit einer L-PBF-Probe, lässt sich die Porosität deutlich reduzieren, wenn der Schmelzvolumen des wasserstoffbelasteten L-PBF-Materials gegenüber dem Schmelzvolumen des klassischen Materials minimiert wird. Dies lässt sich erzielen, indem z.B. bei der Stumpfstoßverbindung der Laserfußpunkt nicht mittig auf den Schweißstoß, sondern leicht versetzt ins konventionelle Material positioniert wird.

6 Maßnahmen zur Minderung des Wasserstoffgehalts im L-PBF-Bauteil

Da die Ursache für die eingeschränkte Schweißeignung gemäß der Analyse in Kapitel 4.3 im L-PBF-Grundmaterial angenommen werden kann, werden in diesem Kapitel Maßnahmen identifiziert, erprobt und bewertet, die zu einer Wasserstoffminimierung im L-PBF-Bauteil beitragen sollen.

6.1 Einflussanalyse auf Wasserstoffgehalt des L-PBF-Bauteils

Um Ansatzpunkte für eine Wasserstoffminimierung im L-PBF-Bauteil zu identifizieren, werden in der folgenden Abbildung 6-1 mögliche Einflussgrößen gemäß der Systematik eines Ishikawa-Diagramms aufgezeigt. Wie schon bei der Schweißprozessanalyse findet hierbei die Fokussierung auf die vier wichtigsten Aspekte Material, Maschine, Methode und Mitwelt statt.

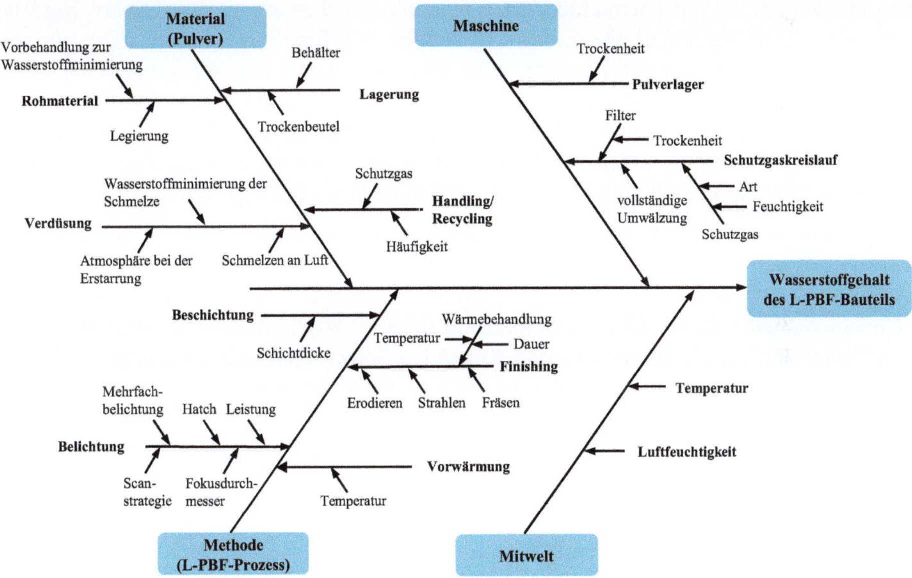

Abbildung 6-1: Ishikawa-Diagramm zur Identifikation der Einflüsse auf den Wasserstoffgehalt des L-PBF-Bauteils

In den folgenden Kapiteln 6.2 bis 6.7 werden daraus wichtige Einflüsse und abgeleitete Optimierungsansätze analysiert. Der Fokus liegt dabei auf Optimierungsansätzen, die für den L-PBF-Anwender sinnvoll durchführbar sind. Beispielsweise ist eine Einflussnahme auf den Verdüsungsprozess des Pulvers oder die Qualität der Schutzgasumwälzung innerhalb der L-PBF-Anlage für die meisten Nutzer nicht realistisch und damit nicht Priorität der Betrachtung. Diese Aspekte werden in gesonderten Empfehlungen in Abschnitt 6.9 berücksichtigt.

Die Versuche erfolgen in Gegenüberstellungen von Proben gleicher Legierung und mit identischen Fertigungsanlagen sowie Parametern und Pulverchargen. Es wird somit jeweils nur eine Einflussgröße variiert und in den einzelnen Abschnitten kenntlich gemacht. Eine direkte Vergleichbarkeit über die Versuchsreihen hinweg ist gemäß Abschnitt 3.5 nicht zulässig.

Die Auswertung der Wirksamkeit der Optimierungsansätze erfolgt wie in Abschnitt 3.5 beschrieben über die Betrachtung der Schweißnahtporosität nach dem Laserstrahlschweißen. Eine ergänzende Messung des jeweiligen Wasserstoffgehaltes jeder einzelnen Probe mittels Heißextraktionsanalyse hat sich als nicht zielführend herausgestellt. Diese Messung ist teuer und sehr fehleranfällig. Im Stichversuch wurden gleiche Proben aus je zwei Sätzen mit unterschiedlicher Wasserstoffbelastung an drei Labore zur Wasserstoffmessung mittels Heißextraktion gesendet. Die Ergebnisse waren stark streuend und teilweise gegenläufiger Tendenz und somit nicht brauchbar. Wasserstoff als kleinstes Element des Periodensystems ist sehr schwer messtechnisch zu erfassen. Da in dieser Arbeit die Porosität im Fokus steht, wird somit auf die indirekte Betrachtung des Wasserstoffgehaltes im Folgenden verzichtet und die zuverlässig auszuwertende Messgröße der Schweißnahtporosität zum Vergleich der Maßnahmen herangezogen.

Die Herstellung der L-PBF-Proben erfolgt auf den in Abschnitt 3.4.3 beschriebenen Maschinen der Firmen EOS und Trumpf mit den dort benannten Standardparametern. Abweichungen davon werden im Folgenden gesondert kenntlich gemacht. Alle Schweißversuche dieses Abschnitts sind mit dem in Abschnitt 3.4.4 beschriebenen, roboterbasierten Einzelfokussystem und folgenden Schweißparametern erfolgt. In Einzelfällen ist eine kleine Anpassung der Laserleistung erfolgt, um eine vollständige Durchschweißung zu erreichen.

Tabelle 6-1: Standard-Laserschweißparameter dieser Versuchsreihen

Probenmaße (L x B x T)	[mm]	60 x 25 x 3
Nahtart		I-Naht am Stumpfstoß
Badstütze		keine
Fokusdurchmesser d_f	[µm]	300
Fokuslage f	[mm]	-1,5
Laserleistung P_L	[W]	1900
Vorschubgeschwindigkeit v_s	[m/min]	3
Laserneigung α	[°]	8 stechend
Gasart		Argon
Gaszuführung		2 Düsen stechend
Gasmenge	[Nl/min]	18
Zusatzdraht		ohne

6.2 Vergleich von Neupulver zu recyceltem Pulver

Die über das Pulver eingebrachte Feuchte wird als wesentliche Wasserstoffquelle im L-PBF-Bauteil vermutet. Um zu ermitteln, welchen Einfluss die mehrfache Wiederverwendung des Pulvers und damit auch die wiederholte Möglichkeit zur Feuchtigkeitsaufnahme hat, werden Proben aus Neupulver und aus mehrfach genutztem Pulver mit der Trumpf TruPrint 1000 Anlage gebaut und gegenübergestellt. Das recycelte Pulver hat ca. 10 Baujobs durchlaufen und wurde im Forschungsbetrieb mit wechselnder Anlagenbelegung auch in speziellen Pulverschränken ordnungsgemäß außerhalb der Anlage zwischengelagert, bevor es erneut zum Einsatz kam. Somit hatte es mehrfachen Kontakt mit der Umgebungsatmosphäre und dabei die Möglichkeit, Feuchtigkeit aufzunehmen. Das Neupulver wurde in geschlossenen Pulverbehältern mit Trockenbeuteln vom Hersteller bezogen und hat neben möglichen Produktionseinflüssen nur beim erstmaligen Einfüllen in die Maschine Kontakt mit der Umgebungsfeuchtigkeit.

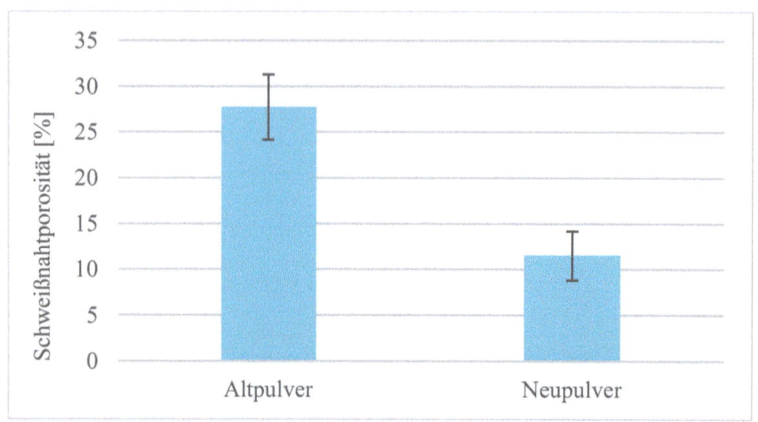

Abbildung 6-2: Vergleich des Einflusses von Altpulver und Neupulver auf die Schweißnahtporosität. Mittelwert von 10 Schliffbildern und Standardabweichung

Gemäß Abbildung 6-2 zeigt sich ein hoch signifikanter Unterschied durch die Verwendung von Neupulver. Die Nahtporosität sinkt im Mittel bei der Betrachtung von zehn Querschliffbildern von 27,7 % auf 11,5 %.

Die Verwendung von Neupulvern hilft somit die Schweißeignung zu optimieren. Da es aufgrund der hohen Pulverkosten wirtschaftlich jedoch nicht sinnvoll ist, stets Neupulver zu verwenden, werden in den folgenden Abschnitten 6.3 bis 6.4 alternative Methoden erprobt, um auch bei recyceltem Pulver die Feuchtigkeit zu reduzieren.

6.3　Pulvertrocknung im Ofen

Um auch die Schweißeignung von Bauteilen aus recyceltem Pulver zu optimieren, ist ein Ansatz die Pulvertrocknung im Ofen. Weingarten et al. haben diesen Ansatz untersucht um die Wasserstoffporosität im eigentlichen AlSi10Mg-L-PBF-Bauteil zu senken. Es konnte bei einer Trocknungstemperatur von 90 °C eine Reduktion der Wasserstoffporosität im L-PBF-Bauteil von bis zu 35 % erreicht werden und bei einer Trocknungstemperatur von 200 °C von über 50 % [Wei15]. Li et al. haben ähnliche Untersuchungen für AlSi12 durchgeführt. Eine Trocknung für eine Stunde bei 100 °C resultiert in einer Verringerung der Bauteilporosität um 72 %, was in Absolutwerten eine Reduktion von 3,2 % auf 0,9 % Porenvolumen bedeutet [Li16]. Die Ergebnisse sind deutlich, geben jedoch nicht differenziert an, ob ausschließlich die Oberflächenfeuchte beeinflusst wurde oder auch im Pulver gebundener Wasserstoff bei der Trocknung effundiert. Ob sich diese Pulvertrocknung ebenfalls positiv auf die Schweißeignung der Aluminiumbauteile auswirkt, wird in der folgenden Versuchsreihe analysiert. Es wird mehrfach recyceltes AlSi10Mg-Pulver vor dem Baujob für 24 Stunden in den in Abbildung 6-3 dargestellten Behältern bei 80 °C getrocknet. Es sind auch höhere Trocknungstemperaturen möglich, wichtig ist jedoch, die Temperatur so zu wählen, dass es zu keinen Ansinterungen und Agglomeraten kommt, um die Fließfähigkeit nicht einzuschränken. Die für das Sintern verantwortlichen Diffusionsprozesse beginnen bei ca. 40 % der absoluten Schmelztemperatur [Bei13]. Das heißt, bei einer Schmelztemperatur von 577 °C beginnen Sinterprozesse bei ca. 231 °C. Die Ergebnisse zeigen, dass bereits die deutlich niedrigeren Trocknungstemperaturen unterhalb der Siedetemperatur des Wassers ausreichend sind. Die

Behälter werden bei der Trocknung nur halb gefüllt und ohne Deckel in den Ofen gestellt, um das Verdunsten der Feuchtigkeit zu erleichtern. Über eine kontinuierliche Umwälzung der Luft wird die verdampfte Feuchtigkeit abgeführt. Das getrocknete Pulver wird anschließend mit minimalem Atmosphärenkontakt in die TruPrint 1000 Lasergeneriermaschine gefüllt und daraus mit Standardparametern gemäß Tabelle 3-1 Schweißproben gefertigt. Hierbei wird bewusst keine Bauraumheizung genutzt, um den reinen Effekt der Vortrocknung herauszuarbeiten.

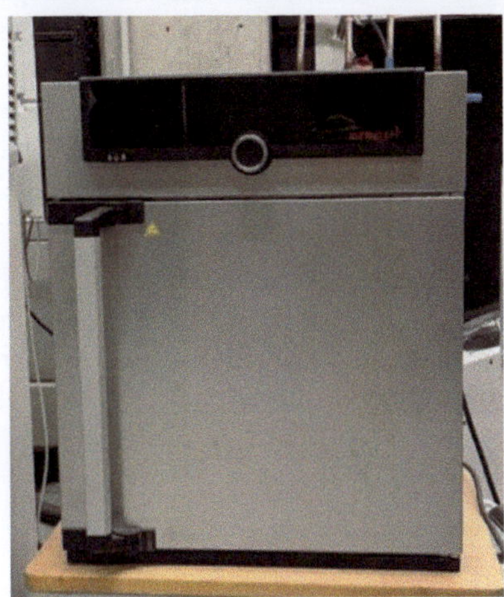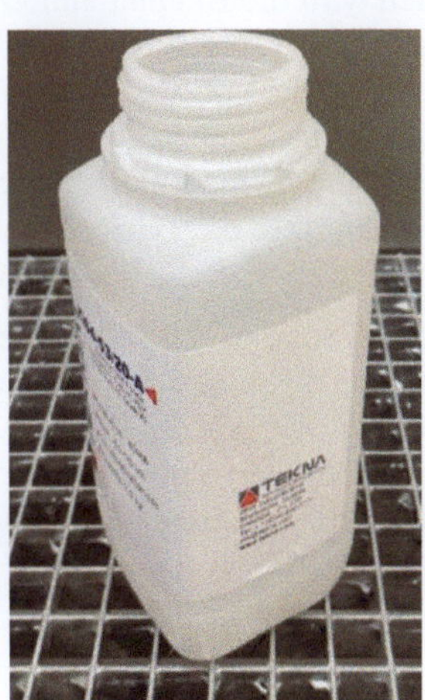

Abbildung 6-3: Pulvertrocknungsofen und Pulverbehälter

Geschweißt wird mit dem Einzelfokussystem gemäß Tabelle 3-2 und den Parametern aus

Tabelle 6-1. Abbildung 6-4 zeigt die Wirksamkeit der Maßnahme. Die Nahtporosität kann durch die Ofentrocknung des Pulvers von absolut 9,6 % auf 6,2 % gesenkt werden, was einer Reduktion um 35,4 % entspricht. Die Pulvertrocknung wird somit empfohlen. Dies gilt insbesondere, wenn mehrfach recyceltes Pulver verwendet wird und wenn keine L-PBF-Maschine mit Bauplattenheizung zur Verfügung steht.

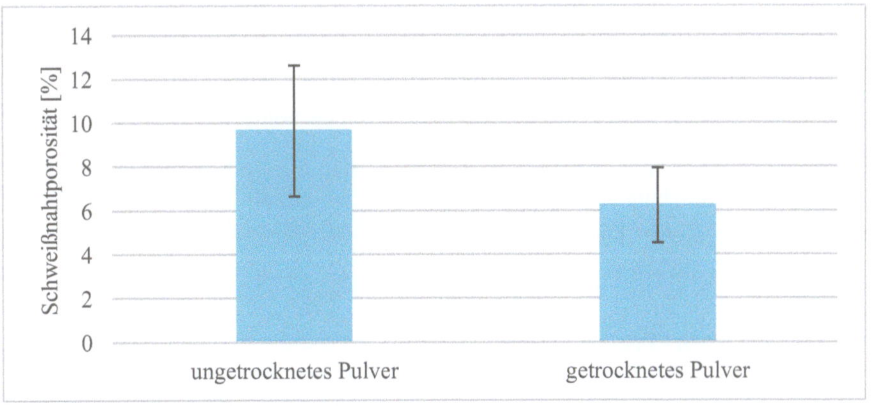

Abbildung 6-4: Einfluss der Pulvertrocknung im Ofen auf die Schweißnahtporosität. Mittelwert von 10 Schliffbildern und Standardabweichung

6.4 Bauteilherstellung mit Bauplattenheizung

In der Regel werden Aluminiumbauteile im L-PBF-Prozess ohne Prozesskammerheizung gebaut, da diese vor allem zum Reduzieren von Eigenspannungen genutzt wird, die bei Aluminiumbauteilen jedoch als unkritisch betrachtet werden. Die Aluminium-Standardparameter der Anlagenhersteller sehen somit in der Regel keine Heizung vor. Im Folgenden wird die Bauplattenheizung jedoch genutzt, um das darauf liegende Pulver zu erwärmen und so zu einer Pulvertrocknung zu führen. Die Wärme wird dabei mittels Wärmeleitung direkt von der Bauplatte oder über das bereits gebaute Bauteil auf das darauf liegende Pulver übertragen. Weiterhin erhöht sich beim L-PBF-Prozess mit Bauplattenheizung die Temperatur in der gesamten Baukammer, sodass das Pulver zudem eine Erwärmung über die Baukammeratmosphäre erfährt. Hieraus wird eine Trocknung des Pulvers ohne zusätzliche Prozessschritte erwartet.

Um den Effekt dieser Maßnahme auf die Schweißeignung der L-PBF-Bauteile zu analysieren, werden AlSi10Mg-Proben mit der EOS M 290 ohne Vorheizung, also bei Raumtemperatur von ca. 25 °C, mit vergleichbaren Proben gleicher Pulvercharge bei 200 °C Vorheizung der Bauplatte verglichen. Eine vorausgehende Pulvertrocknung, wie in Abschnitt 6.3 beschrieben, findet nicht statt.

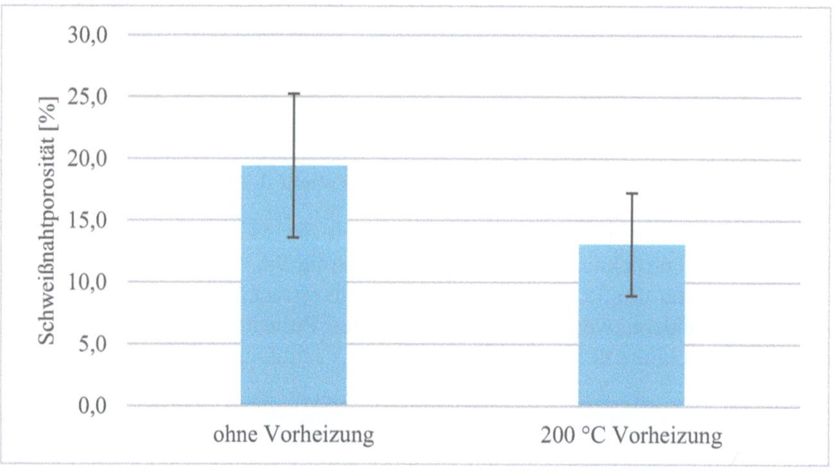

Abbildung 6-5: Einfluss der L-PBF-Bauplattenheizung auf die Nahtporosität

Abbildung 6-5 zeigt eine signifikante Reduktion der Schweißnahtporosität durch die Nutzung der 200 °C-Bauplattenheizung. Besonders vorteilhaft bei dieser Maßnahme ist, dass sie ohne zusätzliche Prozessschritte oder Produktivitätseinbußen umgesetzt werden kann.

6.5 In-Prozess-Trocknung

Ein weiterer Ansatz, das Pulver in der Anlage zu trocknen und somit einen erneuten Kontakt mit der Umgebungsfeuchtigkeit zu verhindern, ist die Nutzung des Lasers der L-PBF-Anlage zur Vorbelichtung. Dabei wird das Pulver vor dem eigentlichen Aufschmelzen mit Standardparametern mit dem Laserstrahl bei geringerer Intensität belichtet, um das Pulver vorzuwärmen und so Oberflächenfeuchtigkeit zu verdampfen. Diese Vorbelichtung findet nur in den Bereichen statt, in denen das Bauteil später entstehen soll. Abbildung 6-6 zeigt dieses Prinzip. Weingarten et al. konnten mit diesem Ansatz eine signifikante Senkung der Wasserstoffporosität im L-PBF-Prozess an sich erzielen [Wei15].

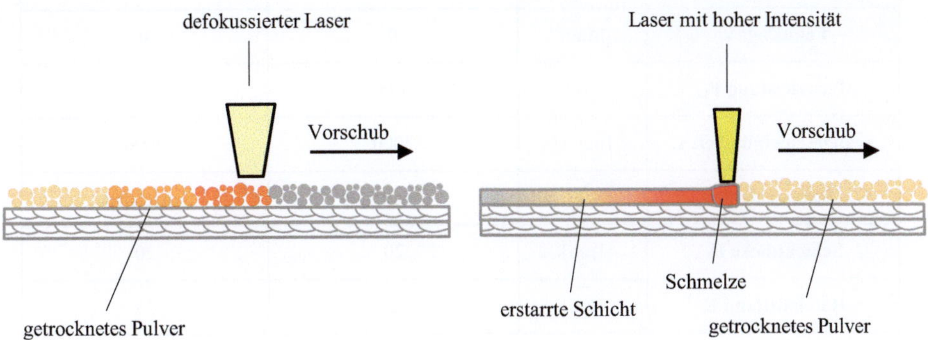

Abbildung 6-6: Prinzip der Vorbelichtung: Vorwärmen mit geringer Laserstrahlleistung (links) und Aufschmelzen des vorgewärmten Pulvers (rechts) in Anlehnung an [Wei15]

Im Rahmen dieser Versuchsreihe wird untersucht, ob sich diese Maßnahme auch positiv auf die Schweißeignung des generierten Materials auswirkt. Aufgrund des festen Fokusdurchmessers der genutzten Anlage wird in dieser Versuchsreihe die Laserstrahlleistung reduziert und nicht, wie eigentlich anzustreben, der Fokusdurchmesser bei konstanter Leistung erhöht. In notwendigen Vorversuchen wird dafür die maximale Laserstrahlleistung ermittelt, bei der gerade kein Aufschmelzen bzw. Ansintern der Pulverpartikel auftritt. Hierfür werden verschiedene Leistungen erprobt und sowohl analysiert, ob ein Glühen im Prozess auftritt, als auch anschließend im Mikroskop analysiert, ob die Partikel aufgeschmolzen sind oder sich erste Sinterhälse ausprägen. Es ergibt sich eine Leistung von 15 W. Gleichzeitig wird der Hatchabstand auf 55 µm, also genau den Strahldurchmesser reduziert, um die gesamte Oberfläche zu belichten. Eine Breitenwirkung, wie sie beim Aufschmelzen durch die Schmelzbadgeometrie entsteht, ergibt sich hierbei nicht. Durch die ergänzende Vorbelichtung mit geringem Hatchabstand wird die Prozesszeit bei dieser Anlage um den Faktor 4,2 verlängert. Die sich ergebenden Parameter dieser Versuchsreihe sind in der folgenden Tabelle 6-2 abzulesen. Bei einer Anlage mit verstellbarer Fokusgröße könnte man diesen für die Vorbelichtung stark aufweiten und so die Produktivität nur um den Faktor 2 reduzieren. Ein theoretischer Ansatz, diese massiven Produktivitätseinbußen zu verringern, indem ausschließlich die Fügezonen und nicht das gesamte Bauteil vorbelichtet werden, ist nicht praktikabel, da sich entstehende Gradienten des Wasserstoffgehalts innerhalb des Bauteils durch Diffusionsprozesse vermutlich ausgleichen würden.

Tabelle 6-2: Gegenüberstellung der Standard-Prozessparameter der TruPrint 1000 für Aluminium sowie der Vorbelichtungsparameter

		Standardbelichtung	Vorbelichtung
Fokusdurchmesser f_0	[µm]	55	55
Fokuslage z_f	[mm]	0	0
Laserleistung P_L	[W]	175	15
Scangeschwindigkeit v_s	[mm/s]	2000	2000
Scanstrategie		Schachbrett	Schachbrett
Schichtdicke D_s	[µm]	20	20
Hatchabstand h_s	[µm]	120	55

Es zeigt sich in Abbildung 6-7, dass mit der genutzten Vorbelichtung kein positiver Effekt erzielt werden konnte. Die Ergebnisse mit Vorbelichtung streuen stark, haben einen erhöhten Mittelwert und werden in der statistischen Auswertung als indifferentes Ergebnis gewertet. Für eine verlässliche Bewertung ist aufgrund der hohen Streuung eine noch höhere Probenanzahl erforderlich.

Eine mögliche Ursache dafür, dass die erhoffte Verringerung der Nahtporosität nicht eintritt, ist, dass für den Vergleich Neupulver genutzt wurde. Gemäß Abschnitt 6.2 zeigen daraus hergestellte Bauteile bereits ein deutlich optimiertes Schweißverhalten, das ggf. keine weiteren signifikanten Optimierungen mehr ermöglicht.

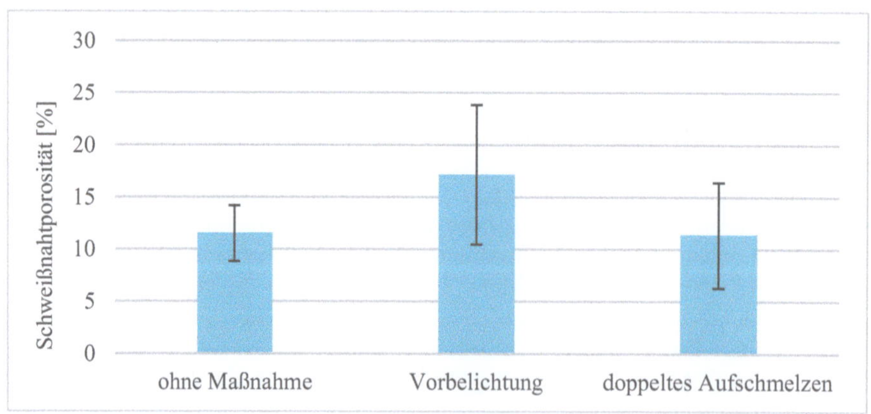

Abbildung 6-7: Einfluss von Vorbelichtung und doppeltem Aufschmelzen auf die Schweißnahtporosität. Mittelwert von 10 Schliffbildern und Standardabweichung

In einer zweiten Versuchsreihe wird nicht nur mit geringer Leistung vorbelichtet, sondern auch jede Spur doppelt aufgeschmolzen. Erreicht werden soll damit ein Ausgasen des Wasserstoffs bereits im Generierprozess. Hierfür wird jede Geometrie doppelt mit den Standard-Bauparametern gemäß Tabelle 2-1 aufgeschmolzen. Abbildung 6-7 zeigt, dass auch diese Maßnahme beim verwendeten Neupulver zu keiner Optimierung der Schweißeignung führt.

6.6 Wärmebehandlung zur Wasserstoffausgasung

Ein Ansatz, um die Schweißeignung des bereits gefertigten Bauteils zu optimieren, ist das Wasserstoffarmglühen. Dieser Ansatz ist besonders interessant, da die L-PBF-Bauteilherstellung und das Schweißen nicht immer im gleichen Unternehmen durchgeführt werden. Somit hat das schweißende Unternehmen häufig keinen Einfluss auf die vorgenannten effektiven Optimierungsmethoden während des L-PBF-Prozesses aus den Abschnitten 6.2 bis 6.4. Eine Wärmebehandlung ist jedoch immer möglich.

Das Wasserstoffarmglühen ist bekannt als Wärmebehandlungsverfahren für Stahlbauteile, um die wasserstoffbedingte Versprödung des Materials zu verhindern [Dil05]. In diesem Abschnitt wird nun analysiert, ob eine entsprechende Wärmebehandlung den Wasserstoffanteil auch im generierten Aluminiumbauteil senken und damit die Schweißeignung steigern kann. Ziel der Wärmebehandlung ist das Ausgasen des Wasserstoffs aus dem Aluminiumbauteil. Zu Grunde liegen Diffusions- und Effusionsprozesse des im Material gebundenen Wasserstoffs. Die Wasserstoffatome bewegen sich dabei mit dem Ziel eines Konzentrationsausgleichs durch das Material und treten aus. Die Oxidschicht stellt dabei kein Hindernis für die Wasserstoffdiffusion dar [You98]. Der Prozess ist temperatur- und werkstoffabhängig. Je höher die Temperatur ist, desto schneller erfolgt die Wasserstoffdiffusion. Es werden somit zwei losgelöste Versuchsreihen durchgeführt.

1. Wärmebehandlung bei 400 °C für 4,5 Stunden im Vakuumofen mit anschließender Abkühlung unter Stickstoff. Bei diesen sehr hohen Temperaturen (> 2/3 der Schmelztemperatur) sowie dem Vorteil des Vakuums wird eine deutlich schnellere Diffusion erwartet. Dies soll den Effekt verdeutlichen und eine wirtschaftlichere, da schnelle Wärmebehandlung ermöglichen. Als Nachteil ist ein massiver Einfluss auf die mechanischen Eigenschaften zu erwarten.

2. Wärmebehandlung bei 200 °C für 24 Stunden sowohl im Vakuum als auch unter Schutzgas. Durch die geringere Temperatur werden der Einfluss auf das Gefüge und folglich die mechanischen Eigenschaften geringgehalten, dafür verlängert sich jedoch die benötigte Ofenzeit signifikant.

Die Haltedauern t_h lassen sich dabei über die zeitabhängige Diffusionsgleichung abschätzen [Len09]:

$$X^2 = 6 * D * t_h \qquad (6\text{-}1)$$

mit der Diffusionslänge X = 1,5 mm (halbe Probendicke). Die Diffusionskoeffizienten D für Wasserstoff in Aluminium sind temperaturabhängig und sind in den Messungen der Literatur um bis zu zwei Größenordnungen variierend [You98]. Es wird konservativ ein Wert von 10^{-7} cm²/s bei 200 °C und 10^{-6} cm²/s bei 400 °C als Grundlage der Berechnung genommen. Damit ergeben sich notwendige Diffusionszeiten von 10,42 Stunden bei 200 °C und 62,5 Minuten bei 400 °C. Diese Werte werden großzügig auf 24 und 4,5 Stunden aufgerundet. Bei realen Bauteilen erhöht sich die notwendige Diffusionslänge X signifikant, sodass deutlich längere Wärmebehandlungszeiten zu wählen sind, um den Wasserstoff auch in der Bauteilmitte zu reduzieren. Eine ausschließliche Behandlung der stets außenliegenden Schweißflansche allein ist nicht zielführend, da sich auch bei Raumtemperatur ein Konzentrationsausgleich innerhalb des Bauteils einstellt. Die so wärmebehandelten Proben werden im Anschluss mit dem Einzelfokuslaserschweißsystem gemäß Tabelle 3-2 verschweißt und die Nahtporosität bewertet.

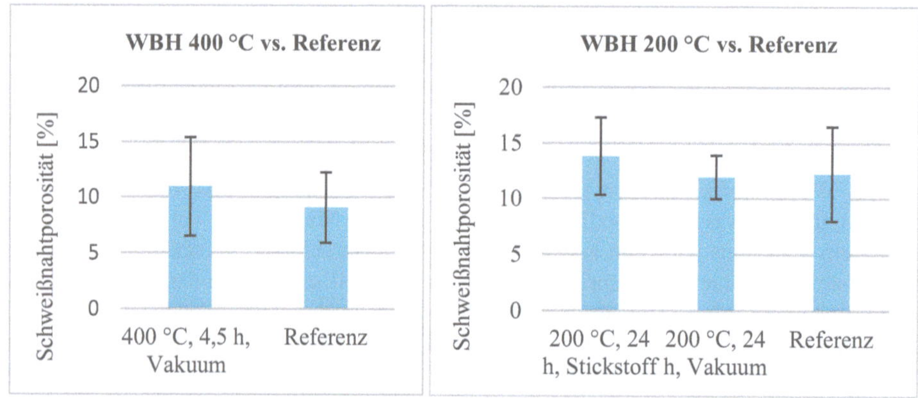

Abbildung 6-8: Einfluss der Wärmebehandlung auf die Nahtporosität: 400 °C für 4,5 Stunden im Vakuumofen (links) und 200 °C für 24 Stunden unter Stickstoff sowie im Vakuumofen (rechts)

Gemäß Abbildung 6-8 zeigt sich bei beiden Wärmebehandlungsstrategien kein positiver Einfluss auf die Schweißnahtporosität. Bei der Wärmebehandlungstemperatur von 400 °C erfolgt zudem ein deutliches Aufweichen des Materials, das in Tabelle 6-3 und Abbildung 6-11 abzulesen ist.

Den gleichen Ansatz hat auch Winkler an flachen AlSi10Mg-Gussproben zur Verbesserung der Schweißeignung genutzt [Win04]. Die Wärmebehandlung erfolgt bei noch höheren Temperaturen von 520 °C und somit unweit der Schmelztemperatur von 577 °C. Haltedauern zwischen einer Stunde und 16 Stunden wurden erprobt. Es ergibt sich nach 16 Stunden an zwei unterschiedlichen Positionen eine Wasserstoffreduktion von 1,4 ppm auf 1 ppm bzw. 1,1 ppm auf 0,2 ppm. Nach zwei Stunden stellt sich noch kein Effekt ein, sodass lange Haltedauern notwendig sind. Entsprechend hohe Temperaturen werden in dieser Arbeit nicht betrachtet, da sich damit ein signifikanterer Einfluss auf die mechanischen Eigenschaften ergibt. Weiterhin sind bei massiven Realbauteilen noch deutlich höhere Wärmebehandlungszeiten erforderlich, um eine Durchwärmung bis zur Bauteilmitte sowie eine Wasserstoffdiffusion aus der Mitte zu ermöglichen. Aufgrund der eingeschränkten Wirtschaftlichkeit und des geringen Effekts wird dieser Ansatz nicht zur Umsetzung empfohlen.

6.7 Heißisostatisches Pressen

Eine besondere Form der Wärmebehandlung ist das Heißisostatische Pressen (HIP), das häufig bei hochbeanspruchten Guss- oder L-PBF-Bauteilen genutzt wird, um diese nachzuverdichten und so Fehler wie Poren oder Risse zu heilen und die Dauerfestigkeit zu erhöhen [Wyc17]. Hierbei wird das Bauteil nicht nur mit Temperaturen knapp unterhalb der Schmelztemperatur beaufschlagt, sondern ergänzend mit hohem isostatischem Druck

[Haf19]. Gemäß Fieger weisen Aluminium-L-PBF-Bauteile nach dieser Vorbehandlung, bei den von ihm untersuchten Schweißgeschwindigkeiten im Bereich von 10 m/min bis 12 m/min, eine optimierte Schweißeignung mit geringerer Porenbildung in der Naht auf [Fie20]. Diese Ergebnisse werden im Folgenden bei der hier verwendeten Schweißgeschwindigkeit von 3 m/min nachvollzogen. Hierfür werden Schweißcoupons bei der Fa. Bodycote mittels HIP behandelt und anschließend verschweißt. Die exakten Verfahrensparameter des heißisostatischen Pressens werden von der Firma aus Wettbewerbsgründen nicht offengelegt.

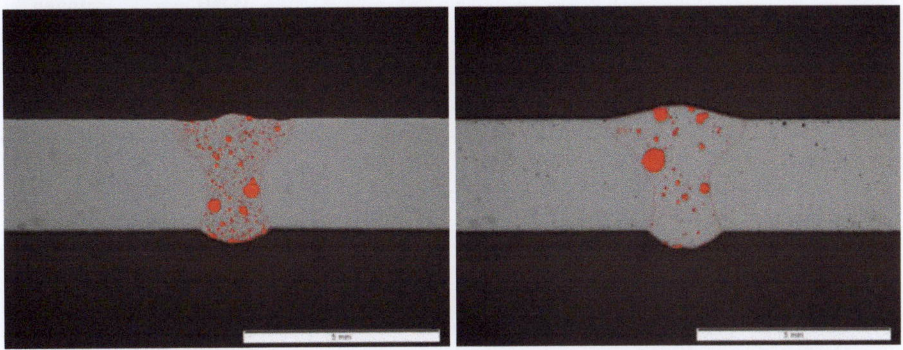

Abbildung 6-9: Vergleich der Schliffbilder bei heißisostatisch gepressten Proben (links) und unbehandelter Referenz (rechts)

Abbildung 6-9 zeigt deutlich, dass der HIP-Prozess einen Einfluss auf das Grundmaterial hat und hier zu einer signifikanten Reduktion der Porosität führt. Jedoch führt dies nicht zu einer Reduktion der Porosität in der Schweißnaht, wie Abbildung 6-10 zeigt.

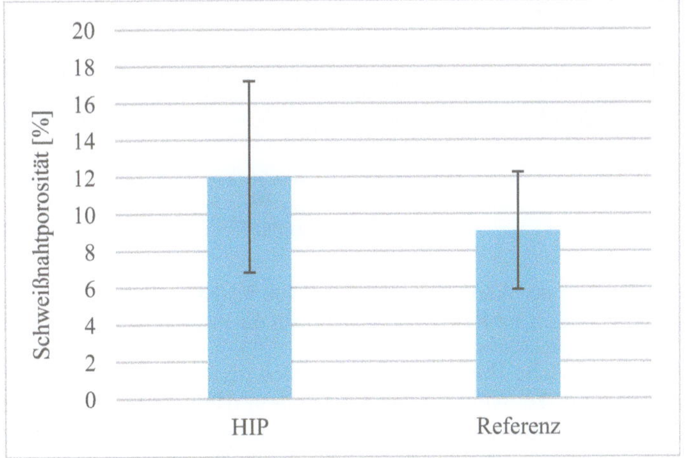

Abbildung 6-10: Einfluss des Heißisostatischen Pressens auf die Nahtporosität

Wie bereits im vorherigen Abschnitt 6.6 ermittelt findet bei den hohen Temperaturen der Wärmebehandlung bzw. des HIP anscheinend keine relevante Effusion des Wasserstoffs statt. Stattdessen werden die Poren innerhalb des Materials nur geschlossen, der Wasserstoff bleibt jedoch im Bauteil und sorgt weiterhin für die Nahtporosität. Dies untermauert die Erkenntnis, dass es sich bei der Nahtporosität nicht um die örtliche Verlagerung der ohnehin im L-PBF-Material befindlichen Porosität handelt, sondern diese durch den Wasserstoffgehalt verursacht wird.

Tabelle 6-3: Vergleich der mechanischen Eigenschaften von Referenzproben, HIP-Proben, Wärmebehandlung bei 400 °C (jeweils Mittelwert aus drei Proben) sowie der Norm für AlSi12 [DIN20]

		wie gebaut	HIP	WBH 400 °C/ 4,5 h	Anforderungen DIN EN 1706
Dehngrenze $R_{p\,0,2}$	[MPa]	268,7	95,7	112	70
Zugfestigkeit R_m	[MPa]	456,7	150	172,3	150
Bruchdehnung A	[%]	4,38	30,4	29,8	5

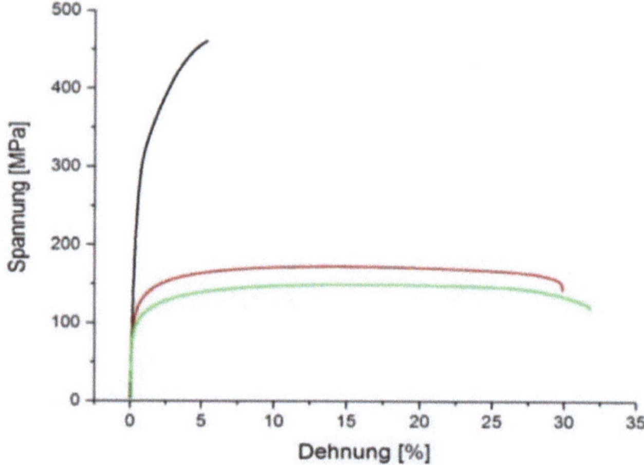

Abbildung 6-11: Einfluss der Wärmebehandlung bei 400 °C (rot) und des Heißisostatischen Pressens (grün) im Vergleich zur Referenz (schwarz) auf die mechanischen Eigenschaften

Durch das Heißisostatische Pressen mit Prozesstemperaturen im Bereich von ca. 80 % der Schmelztemperatur des Aluminiums wird zudem das Gefüge stark beeinflusst. Zugversuche am ungeschweißten Grundmaterial zeigen, dass die Festigkeit deutlich sinkt. Dem gegenüber steht eine signifikante Steigerung der Bruchdehnung. Die Zugfestigkeit der HIP-Proben erreicht im Mittelwert exakt die Anforderungen der Norm, Einzelproben liegen jedoch darunter. Dies wird neben der in den Versuchen nicht nachweisbaren Wirkung für einige Applikationen ein Ausschlusskriterium sein.

6.8 Technologische und wirtschaftliche Bewertung der erprobten Optimierungsansätze

Die Optimierungsansätze aus Abschnitt 6.2 bis 6.7, die sich als wirkungsvoll erwiesen haben, werden in Tabelle 6-4 hinsichtlich Vor- und Nachteilen bewertet und Empfehlungen zum Einsatz ausgesprochen. Ansätze, die keine Wirkung gezeigt haben, werden dabei nicht berücksichtigt.

Tabelle 6-4: Technologisch-wirtschaftliche Bewertung der effektiven Optimierungsansätze zur Wasserstoffreduktion im L-PBF-Bauteil

Optimierungsansatz	Vorteile	Nachteile	Empfehlung
Nutzung von Neupulver	• hohe Wirksamkeit • kein zusätzlicher Prozessschritt	• teuer, da das Pulver nur einmalig als Neupulver genutzt werden kann	• sofern wirtschaftlich möglich, umsetzten • sofern Schweißbauteile nur einen geringen Anteil des Druckportfolios ausmachen diese drucken, wenn ohnehin Neupulver genutzt wird. Ansonsten Ofentrocknung des gebrauchten Pulvers nutzen
Ofentrocknung des Pulvers	• hohe Wirksamkeit • günstige Systemtechnik	• zusätzlicher Prozessschritt, der jedoch Hauptzeitparallel stattfinden kann • Gefahr erneuter Feuchtigkeitsbelastung beim Umfüllen aus dem Ofen in die Maschine	• die Pulvertrocknung im Ofen ist zu empfehlen, insbesondere bei recyceltem Pulver
Nutzung der Bauplattenheizung	• hohe Wirksamkeit • kein zusätzlicher Prozessschritt oder Produktivitätsverlust	• nicht jede L-PBF-Maschine verfügt über eine Bauplattenheizung	• Bauplattenheizung nutzen, sofern vorhanden. Häufig wird diese bei Aluminiumbauteilen aufgrund der geringen Verzugsneigung des Werkstoffs nicht genutzt. Für die Optimierung der Schweißeignung ist es jedoch sinnvoll

6.9 Handlungsempfehlungen entlang der L-PBF-Prozesskette

Neben den zuvor durchgeführten Analysen werden in der folgenden Tabelle 6-5 weitere Handlungsempfehlungen zur Optimierung der Laserschweißeignung des Materials entlang der L-PBF-Prozesskette aufgeführt. Diese betreffen gemäß Abbildung 6-12 auch Prozessschritte, die vom L-PBF-Anwender nicht beeinflusst werden können (z. B. bei der Pulverherstellung), oder Schritte, die nicht bei jeder Anlage oder Prozessführung auftreten, dennoch im Sinne der Vollständigkeit benannt werden sollen. Ziel dieser

Maßnahmen ist es, in allen Schritten der L-PBF-Prozesskette, vom Rohmaterial über die Verdüsung bis hin zum fertigen Bauteil, den Feuchtigkeitseintrag zu verhindern bzw. zu minimieren oder durch aktive Maßnahmen die vorhandene Feuchtigkeit im Prozess zu reduzieren. Die Untersuchungen in den vorherigen Abschnitten zeigen die Bedeutung dieser Feuchtigkeitsminimierung im Pulver, in der Maschine und im L-PBF-Prozess für ein porenarmes Schweißergebnis, sodass dieser Ansatz auf alle Schritte der Prozesskette übertragen werden soll. Betrachtet wird dabei die Prozesskette anhand kleiner und mittlerer L-PBF-Anlagen mit vielen manuellen Eingriffen durch den Bediener. Bei automatisierten Systemen mit gesonderter Entpackstation und automatisierten und gekapselten Pulverkreisläufen unter Schutzgasatmosphäre werden einige der genannten Empfehlungen bereits durch den Aufbau des Systems berücksichtigt.

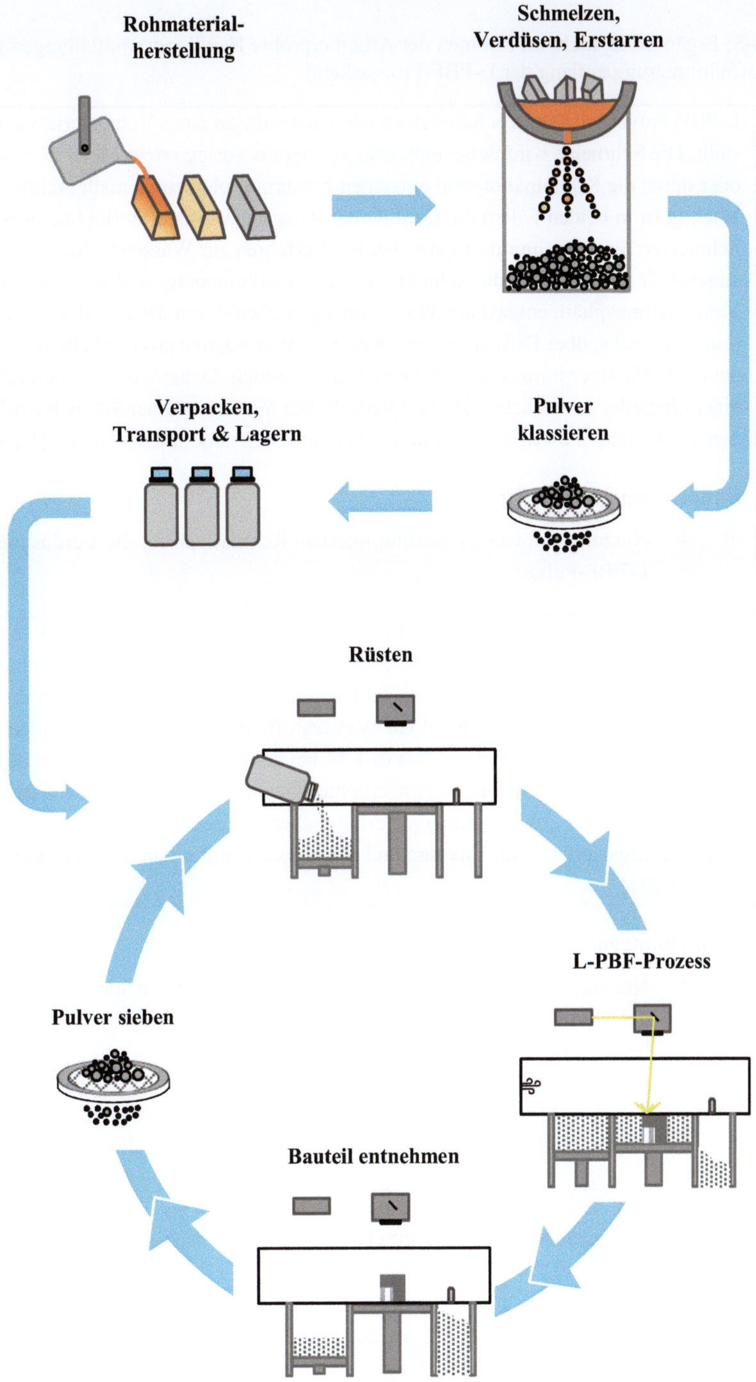

Abbildung 6-12: Materialprozesskette von der Rohmaterialherstellung bis zum mehrfachen Pulverrecycling im L-PBF-Prozess [Aufbauend auf Daw15 und Lei04]

Tabelle 6-5: Ergänzende, nicht im Rahmen der Arbeit erprobte Handlungsempfehlungen zur Wasserstoffminimierung entlang der L-PBF-Prozesskette

<table>
<tr><td rowspan="2">Rohmaterial</td><td>L-PBF-Pulver wird mittels Schmelzen und Gasverdüsen eines Rohmaterials hergestellt. Die Schmelze wird dabei entweder aus bereits vorlegiertem Material erzeugt oder durch die Kombination von einzelnen Legierungselementen maßgeschneidert. Wichtig ist in beiden Fällen die Qualität des Ausgangswerkstoffs. Bei hochwertigen Schmelzen für den Aluminiumguss werden Verfahren zur Wasserstoffminimierung angewandt. Hierbei wird die Schmelze entweder vakuumentgast, d. h., unter einer Vakuumatmosphäre entgast der Wasserstoff getrieben durch das Ziel des Konzentrationsausgleichs, über Diffusions- und Konvektionsvorgänge aus der Schmelze, oder deutlich effektiver mittels Spülgasbehandlung veredelt. Dabei wird ein Inertgas mit einem Impeller in der Schmelze fein verteilt. Der Wasserstoff der Schmelze diffundiert in die feinen Inertgasblasen und steigt mit ihnen in der Schmelze auf [Kli98].</td></tr>
<tr><td>Empfehlung:

⇨　Nutzung von wasserstoffminimiertem Rohmaterial für die Verdüsung von L-PBF-Pulver</td></tr>
<tr><td rowspan="2">Schmelzen</td><td>Das Schmelzen des Rohmaterials erfolgt bei der industriellen Pulverherstellung im großen Maßstab in der Regel in offenen Schmelztiegeln an der Raumatmosphäre und fließt von dort in die Verdüsungsanlage. Die Schmelze ist dabei im ruhigen Zustand durch die Oxidhaut weitestgehend vor Wasserstoffaufnahme geschützt. Anders ist es jedoch bei bewegten Schmelzen, wie es z. B. bei der Überführung in die Verdüsungsanlage auftritt. In diesem Fall ist eine erhöhte Wasserstoffaufnahme zu erwarten [Kli98]. Kleinere Verdüsungsanlagen ermöglichen das Schmelzen unter kontrollierter Schutzgasatmosphäre oder Vakuum und das direkte Zuführen in den Zerstäubungsbereich [Ind21].</td></tr>
<tr><td>Empfehlungen:

⇨　Nutzung von Schmelztiegeln unter kontrollierter Schutzgasatmosphäre oder Vakuum
⇨　beim Schmelzen an Umgebungsatmosphäre:
　　o　Schmelze ruhig halten
　　o　Umgebung und auch Systemtechnik arm an Feuchtigkeit halten
⇨　sofern möglich: Vakuumentgasung oder Spülgasbehandlung der Schmelze</td></tr>
<tr><td>Verdüsen</td><td>Das Verdüsen findet in einem Schutzgasstrom statt, sodass die Tropfen bzw. Pulverpartikel vor Umgebungseinflüssen geschützt sind und keine ergänzenden Maßnahmen notwendig sind [Daw15].</td></tr>
</table>

Erstarren	Die Erstarrung des verdüsten Aluminiumpulvers findet häufig an Luft, gelegentlich auch unter Schutzgas statt. Hierbei ist eine Mindestmenge Sauerstoff erforderlich, damit das Aluminiumpulver seine schützende Oxidschicht ausprägt und die Explosionsgefahr reduziert wird. Bei der Erstarrung an Luft hat die Umgebungsfeuchte einen Einfluss auf das Pulver. **Empfehlung:** ⇨ Sicherstellung einer trockenen (Schutzgas-)Atmosphäre bei der Erstarrung
Sichten	Das Klassieren der Pulver mittels Sichter findet an der Luft statt und ist somit der Feuchtigkeit der Umgebung ausgesetzt. Ein Sichten unter Schutzgas ist möglich, aber unüblich [Sch07]. **Empfehlungen:** ⇨ Sichten möglichst unter Schutzgas ⇨ Sicherstellung einer trockenen Umgebung beim Sichten an der Luft
Abfüllen, Transport & Lagerung	Der Transport und die Lagerung des L-PBF-Pulvers erfolgen je nach Menge in der Regel in großen Fässern oder kleineren Pulverbehältern. Die typischen Kunststofffässer zeigen eine gute Dichtheit gegenüber eindringender Feuchtigkeit, sofern sie korrekt verschlossen wurden. Häufig findet beim Händler, z. B. dem Anlagenhersteller, ein Umfüllen aus großen Chargen in kleinere Einzelmengen statt. Hierbei ist der Einfluss der Umgebungsfeuchtigkeit bestmöglich zu vermeiden. Bei großen Temperaturdifferenzen zwischen Pulver und Umgebung kann es zu Taueffekten kommen, sodass Feuchtigkeit auf dem Pulver kondensiert [Sey18]. **Empfehlungen:** ⇨ Nutzen von geeigneten, dichten Pulverbehältern ⇨ Ab- und Umfüllen unter Schutzgasatmosphäre ⇨ Temperaturangleichung zwischen Pulver und Umgebung vor dem Öffnen der Gefäße, zum Verhindern von Kondensation auf dem Pulver ⇨ Nutzung und rechtzeitiger Ersatz von Trockenbeuteln in den Pulverbehältern zur Absorption der Feuchtigkeit ⇨ Aufbewahrung der Pulverbehälter in schutzgasgespülten Pulverschränken, sofern die Dichtigkeit der Behälter nicht garantiert ist.

Rüsten der Anlage

Das Rüsten der Anlage besteht aus verschiedenen Schritten und bietet somit einige Potentiale, Einfluss auf die eingebrachte Feuchtigkeit zu nehmen.

Sofern kein geschlossener Pulverkreislauf vorliegt, ist beim Befüllen der Vorratsbehälter mit Pulver auf einen geringen Eintrag von Feuchtigkeit zu achten.

Die Filter im Gasstrom der Anlage neigen zur Feuchtigkeitsaufnahme. Über den Gasstrom wird die Feuchtigkeit in der Anlage transportiert und in den absorbierenden Filtersystemen aufgenommen. Diese sind regelmäßig zu wechseln und dabei ist drauf zu achten, dass trockene Filter genutzt werden. Es bietet sich zudem die Möglichkeit, im Bereich der Filter Trockenbeutel zu platzieren und regelmäßig zu wechseln, damit diese statt der Filter die Feuchtigkeit aus der Anlage aufnehmen. Alternativ sind auch professionelle Trocknungseinheiten als Zubehör erhältlich, die diese Feuchtigkeit aufnehmen [AMP22].

Zwischen den einzelnen Baujobs ist die Maschine gründlich zu reinigen. Neben dem Absaugen von Pulver ist u. a. das Schutzglas der Optik von Schmauch zu befreien, ggf. sind neue Beschichterlippen zu montieren, eine neue Bauplattform einzusetzen etc. Diese Schritte erfolgen in der Regel bei geöffneter Anlage. Neben der Umgebungsfeuchte kann ergänzend Feuchtigkeit aus Reinigungsmitteln eingebracht werden.

Vor dem Prozess muss die Maschine gründlich mit Schutzgas gespült werden, um die feuchte Umgebungsluft auszutreiben. Zudem hilft das Vorheizen der Anlage, verbliebene Feuchtigkeit verdampfen zu lassen und mit dem Gasstrom aus der Anlage entweichen zu lassen.

Empfehlungen:

⇨ Feuchtigkeitseintrag beim Einfüllen des Pulvers vermeiden
⇨ gebrauchtes Pulver vor der Einbringung trocknen
⇨ Filter regelmäßig wechseln und darauf achten, dass diese trocken eingebracht werden
⇨ zusätzliche Trocknungssysteme einbringen, die dem System die Feuchtigkeit entziehen
⇨ Feuchtigkeitseintrag beim Reinigen und Rüsten der Baukammer vermeiden
⇨ Anlage vor dem Baujobstart gründlich vorheizen und mit Schutzgas spülen, um verbliebene Feuchtigkeit zu verdampfen und über den Schutzgasstrom abzutransportieren

L-PBF-Prozess	Der L-PBF-Prozess findet unter Schutzgas in der geschlossenen Kammer statt. Es sind somit bei einer hohen Schutzgasqualität keine weiteren negativen Einflüsse zu erwarten. Die Nutzung der Bauplattenheizung hat sich in Abschnitt 6.4 als erfolgreicher Optimierungsansatz bewiesen und ist somit auch bei Aluminium zu empfehlen. Häufig ist dies bei Standardparametern nicht vorgesehen, da die Bauraumheizung als Ansatz zur Vermeidung von Eigenspannungen und Rissen genutzt wird, zu denen Aluminiumbauteile weniger neigen. **Empfehlungen:** ⇨ Sicherstellung von trockenem Schutzgas ⇨ Nutzung der Bauplattenheizung
Auspacken	Das Auspacken der L-PBF-Baujobs erfolgt häufig an der geöffneten Anlage. Ein Entpulvern innerhalb der noch mit Schutzgas gefluteten Anlage ist mit Hilfe der Glovebox-Eingriffe möglich, wird in der Praxis jedoch nicht konsequent genutzt, da ein Arbeiten an der offenen Maschine schneller und ergonomischer ist. Für das fertige Bauteil ist dadurch keine Beeinträchtigung zu erwarten. Das Pulver, das anschließend recycelt wird, ist dabei jedoch der Umgebungsfeuchte ausgesetzt. Einige Anlagen ermöglichen eine komplette Entnahme des Bauzylinders und ein Entpacken in schutzgasgefluteten Entpackstationen. **Empfehlung:** ⇨ Entpacken in der Maschine oder in der Entpackstation unter Schutzgasatmosphäre
Sieben	Nach dem Prozess muss das überschüssige Pulver gesiebt werden, um entstandenes Grobkorn rauszufiltern. Dies geschieht bei automatisierten Anlagen kontinuierlich in einem geschlossenen Pulverkreislauf und bei einfacheren Anlagen durch gesonderte Siebanlagen nach dem Prozess. Das Sieben erfolgt dabei nicht bei allen Anlagen unter Schutzgasatmosphäre. **Empfehlungen:** ⇨ sofern möglich, Nutzung von geschlossenen Anlagensystemen mit automatisiertem Pulverkreislauf, bei denen das Pulver nach dem erstmaligen Einfüllen keinen erneuten Kontakt zur Umgebungsatmosphäre hat ⇨ Sieben der Pulver unter Schutzgas ⇨ Vermeidung des Feuchtigkeitseintrages beim Befüllen der Siebstation und anschließenden Zurückführen in die L-PBF-Maschine

Finishing	Die Bauteile werden nach dem Druck wärmebehandelt, Supports entfernt, ggf. erodiert, gefräst oder sandgestrahlt. Die Untersuchungen dieser Arbeit haben gezeigt, dass sich daraus kein negativer Einfluss auf die Schweißeignung ergibt, obwohl das Bauteil bei einigen Verfahren mit Wasser, Strahlgut oder Kühlschmierstoff in Kontakt kommt. Dieser Einfluss ist jedoch nur oberflächlich. Da die zu schweißenden Flächen vor dem Fügen ohnehin von der Oxidhaut befreit werden, wird damit auch Oberflächenfeuchte entfernt.

7 Konstruktionsempfehlungen für laserstrahlgeschweißte Aluminium-L-PBF-Bauteile

Für die optimale Gestaltung von laserstrahlgeschweißten Baugruppen mit mindestens einem laseradditiv gefertigten Bauteil ist ein umfangreiches Fachwissen erforderlich. Zu beachten sind sowohl die Gestaltungsrichtlinien der laseradditiven Fertigung als auch die Regeln zur optimalen Gestaltung von Bauteilen für das Laserstrahlschweißen. In der Gestaltung dieser gefügten Baugruppen liegen einige potentielle Fehlerquellen, wie z. B. zu filigrane oder komplex geformte Fügestellen. Dem gegenüber stehen Potentiale, deren konsequente Anwendung das Laserstrahlschweißen dieser Bauteile im Vergleich zu konventionell gefertigten Bauteilen vereinfacht und damit wirtschaftlicher macht. So bietet die additive Fertigung z. B. die Möglichkeit, den Spanntechnikaufwand durch bauteilintegrierte Spann- und Positionierhilfen zu minimieren. Um dem Konstrukteur eine Hilfestellung bei der Gestaltung dieser Baugruppen zu geben, wird im Folgenden ein Konstruktionskatalog hergeleitet.

7.1 Aufbau des Konstruktionskataloges

Es gibt bereits eine Vielzahl von Veröffentlichungen zur prozessgerechten Gestaltung von L-PBF-Bauteilen sowie zur prozessgerechten Gestaltung von Laserschweißbaugruppen. Auf diese wird in den Kapiteln 2.1.3 und 2.2.6 verwiesen. Diese Kataloge enthalten viele wichtige Details, werden aufgrund des Umfangs hier jedoch nicht in Gänze wiedergegeben. Stattdessen werden im Folgenden spezielle Richtlinien ergänzt, die nur bei dieser hybriden Bauweise zum Tragen kommen. Gleichermaßen wird nicht detailliert auf die Gestaltungsregeln sowie die Wirtschaftlichkeitsberechnung der konventionellen Komponenten, also z. B. der gefrästen oder gegossenen Fügepartner, eingegangen, da hier die Vielfalt der möglichen Verfahren und damit die Vielfalt der Gestaltungsrichtlinien zu groß ist. Auch hier wird auf die Literatur verwiesen.

Der Aufbau des Konstruktionskataloges basiert auf dem Vorgehen aus der DIN VDI 2222 Blatt 2 [VDI82]. Weiterhin ist der Aufbau in Anlehnung an den Konstruktionskatalog für das Gestalten von L-PBF-Bauteilen von Kranz gestaltet, da er inhaltlich als Ergänzung zu diesem und ähnlichen Regelwerken aus dem Bereich Konstruktion für AM sowie laserschweißgerechtes Gestalten zu nutzen ist [Kra17]. Eine alleinstehende Nutzung dieses Kataloges ist nur mit Expertenwissen im L-PBF-Bereich empfehlenswert.

Der Katalog ist, wie in Abbildung 7-1 dargestellt, beginnend von links mit einer Struktur gegliedert. Diese beginnt mit den Themenbereichen hybride Gestaltung, laserschweißgerechte Gestaltung und fügegerechte additive Fertigung und gliedert sich in drei Ebenen feiner auf. Entsprechend den Themen ist auch eine farbliche Codierung vorgenommen worden. Zusätzlich zur thematischen Gliederung hat jede Gestaltungsregel eine fortlaufende Nummer.

© Der/die Autor(en), exklusiv lizenziert an
Springer-Verlag GmbH, DE, ein Teil von Springer Nature 2024
F. Beckmann, *Laserschweißbarkeit von laseradditiv gefertigten Aluminiumbauteilen*,
Light Engineering für die Praxis, https://doi.org/10.1007/978-3-662-69528-9_7

Als zweiter Hauptbestandteil ist jede Regel graphisch veranschaulicht. Hierbei wird jeweils eine ungünstige und eine günstige Gestaltung vereinfacht deutlich gemacht. Der dritte Bestandteil des Kataloges ist auf der rechten Seite eine Erklärung der Gestaltungsregel. In diesem Bereich finden sich Erläuterungen und auch Verweise auf andere korrespondierende oder widersprüchliche Gestaltungsregeln.

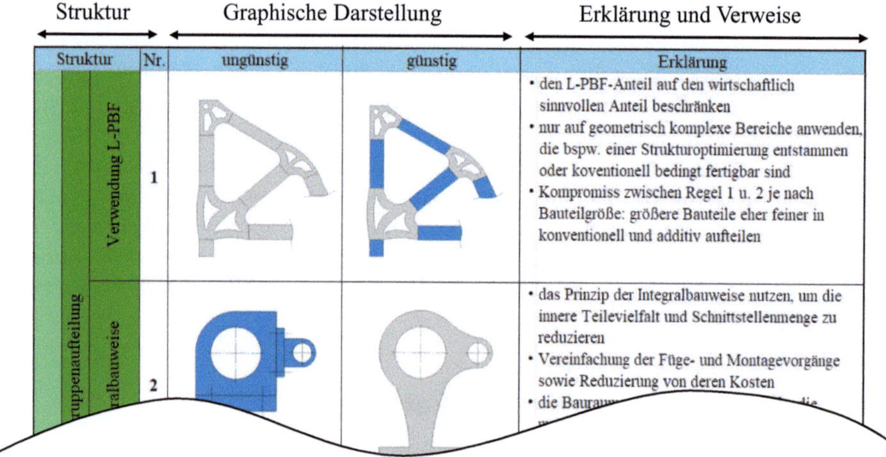

Abbildung 7-1: Struktur des Konstruktionskataloges

Weiterhin verfügt der Konstruktionskatalog, wie in Abbildung 7-2 dargestellt, über eine Legende. Diese erläutert die eindeutige graphische Darstellungsweise, die bei allen Gestaltungsregeln eingehalten wurde. Dargestellt sind jeweils im Sinne der hybriden Bauweise ein laseradditiv und ein konventionell gefertigtes Bauteil. Gleichermaßen lässt sich der Katalog jedoch auch auf zwei laseradditiv gefertigte Bauteile anwenden.

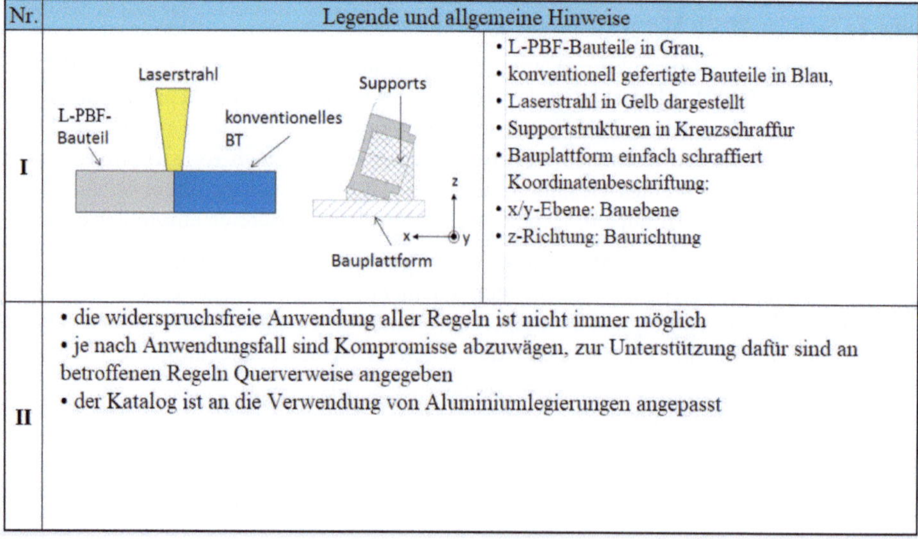

Abbildung 7-2: Legende und allgemeine Hinweise des Konstruktionskataloges

Die allgemeinen Hinweise zur Nutzung des Kataloges erläutern dem Anwender, dass nicht alle Regeln untereinander widerspruchsfrei anzuwenden sind. Weiterhin sind punktuell Kompromisse zu den Gestaltungsregeln der laseradditiven Fertigung notwendig. In diesem Fall sind Verweise auf entsprechende Regeln vorgesehen, mit denen der Konstrukteur eine individuelle Kompromisslösung finden muss. Beispielhaft sei hier die Ausrichtung des L-PBF-Bauteils genannt, die nach verschiedenen, teilweise gegenläufigen Kriterien wie der Wirtschaftlichkeit und Verzugsreduktion (siehe Regelwerke zur laseradditiven Fertigung), aber auch der Supportvermeidung an Fügeflächen optimiert werden sollte. Der Katalog ist allgemeingültig und auf verschiedene Werkstoffe übertragbar, wurde jedoch speziell auf die Besonderheiten von Aluminiumbauteilen zugeschnitten. Dies gilt speziell für die Gestaltungsregeln 6, 13 und 14, die bei Aluminium von besonderer Bedeutung sind. Eine Adaption auf andere Werkstoffe ist jedoch problemlos möglich. Hierbei sind werkstoffspezifische Eigenschaften wie die Schmelzviskosität, die Neigung zu Eigenspannungen sowie die typischen Schweißfehler und Festigkeitseigenschaften anzupassen.

7.2 Allgemeine Gestaltungsprinzipien der hybriden Bauweise

7.2.1 Auftrennen der Baugruppe

Vor der detaillierten Gestaltung einer hybriden Baugruppe ist zunächst zu definieren, welche Bestandteile additiv und welche konventionell gefertigt werden sollen. In vielen Anwendungsfällen, z. B. dem Einschweißen eines additiv gefertigten Ersatzteils in eine bestehende Karosseriestruktur, ist dies vorgegeben. Bei der kompletten Neugestaltung einer hybriden Baugruppe ist jedoch eine frühzeitige Festlegung erforderlich. Hierfür werden die in Abbildung 7-3 dargestellten Gestaltungsregeln 1, 2 und 3 aufgestellt.

Struktur		Nr.	ungünstig	günstig	Erklärung
Baugruppenaufteilung	Verwendung L-PBF	1	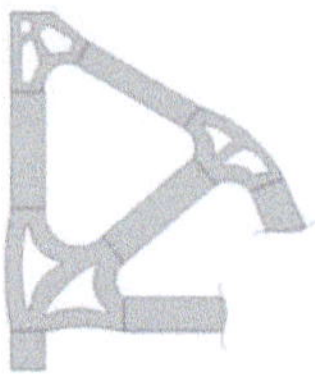		• den L-PBF-Anteil auf den wirtschaftlich sinnvollen Anteil beschränken • nur auf geometrisch komplexe Bereiche anwenden, die bspw. einer Strukturoptimierung entstammen oder koventionell bedingt fertigbar • sind Kompromiss zwischen Regel 1 u. 2 je nach Bauteilgröße: größere Bauteile eher feiner in konventionell und additiv aufteilen
	Integralbauweise	2		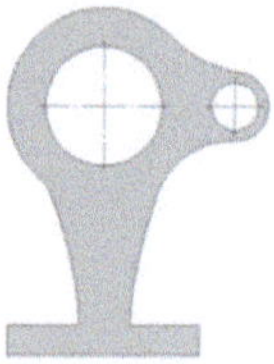	• das Prinzip der Integralbauweise nutzen um die innere Teilevielfalt und Schnittstellenmenge zu reduzieren • Vereinfachung der Füge- und Montagevorgänge sowie Reduzierung der Kosten • die Bauraumrestriktionen des L-PBF für die maximale Bauteilgröße beachten • Kompromiss zwischen Regel 1 u. 2 je nach Bauteilgröße: kleinere Bauteile eher integrativ
	Bauraumausnutzung	3			• Bauteile so auftrennen, dass sie optimal schachtelbar sind • Maschinen- und Bauraumgröße mit der Bauteilgröße abstimmen • volle Bestückung des Bauraums anstreben

Abbildung 7-3: Gestaltungsregeln 1-3 - Auftrennen der Baugruppe

Gestaltungsregel 1 empfiehlt, den Anteil des L-PBF-Bauteils auf das Mindestmaß zu reduzieren. Hintergrund sind die vergleichsweise hohen Kosten der additiven Herstellung von Aluminiumbauteilen. Zum Einsatz sollten additiv gefertigte Strukturen somit immer dort kommen, wo Funktions- oder Leichtbauvorteile nur so sinnvoll umsetzbar sind. Für geometrisch einfachere Strukturen werden konventionelle Fertigungsverfahren, wie z. B. Blech, Extrusionsprofile, Fräs- oder Gussbauteile, empfohlen.

Gestaltungsregel 2 empfiehlt die Reduktion der Fügestellen im Sinne einer Integralbauweise. Fügestellen haben einen Nachteil in Bezug auf das Gewicht und erfordern zusätzliche Prozessschritte für das Positionieren und Fügen. Jede Fügestelle erzeugt somit Kosten.

Diese beiden Regeln sind für sich gesehen sinnvoll, gemeinsam betrachtet jedoch ggf. widersprüchlich. Eine optimale Aufteilung einer hybriden Baugruppe ist mit einer Wirtschaftlichkeitsbetrachtung zu entscheiden. Diese muss ergeben, ob eine zusätzliche Fügestelle sinnvoll ist oder besser integrale L-PBF-Komponenten genutzt werden. Die Herstellkosten einer hybriden Baugruppe (H_{Hyb}) setzen sich wie folgt aus den Herstellkosten des L-PBF-Segments (H_{LPBF}), dem konventionell gefertigten Segment (H_{Konv}) und den Fügekosten ($H_{Füg}$) zusammen und sollten über die optimale Aufsplittung der Baugruppe minimiert werden:

$$H_{Hyb} = H_{LPBF} + H_{Konv} + H_{Füg} \qquad (7\text{-}1)$$

Diese Herstellkosten lassen sich bei einer maschinenintensiven Fertigung, wie sie hier vorliegt, am besten über eine erweiterte Zuschlagskalkulation mit Maschinenstundensätzen berechnen [Mum14]. Einen Überblick, wie sich die Herstellkosten zusammensetzen und welche Einzelpositionen bei der additiven Fertigung und auch dem Laserstrahlschweißen anfallen, zeigt die folgende Tabelle 7-1. Bei der additiven Fertigung ist dabei in der Regel der Anteil der häufig mehrstündigen Maschinenlaufzeit multipliziert mit dem Maschinenstundensatz dominierend für die Kosten. Beim Laserstrahlschweißen ist der große Anteil das Rüsten und Programmieren der Fügeaufgabe. Auch dies geht in die Maschinenkosten ein, bedarf ergänzend jedoch auch noch eines erfahrenen Mitarbeiters. Auf die klassischen Verfahren wird hierbei nicht detailliert eingegangen, da diese sehr vielfältig sind. Es wird auf die entsprechende Literatur der Verfahren verwiesen.

Tabelle 7-1: Zusammensetzung der Herstellkostenberechnung und beispielhafte Bestandteile für L-PBF-Bauteile und Laserstrahlschweißen

			L-PBF	Laserstrahlschweißen
Herstellkosten	Material-kosten	Materialeinzelkosten	• Pulver	
		Materialgemeinkosten	• Schutzgas • Beschichterklingen • Filter	• Schutzgas
	Fertigungskosten	Fertigungs-einzelkosten	• Personalkosten	• Personalkosten
		Maschinenkosten	• Maschinenbelegung x Maschinenstundensatz	• Maschinenbelegung x Maschinenstundensatz
		Restfertigungs-gemeinkosten	• Hilfslöhne • allgemeine Betriebskosten • etc.	• Hilfslöhne • allgemeine Betriebskosten • etc.
		Sondereinzelkosten der Fertigung		• ggf. Vorrichtungen

Gestaltungsregel 3 empfiehlt, bei der Auftrennung der Baugruppe die Größe und die Auslastung der genutzten L-PBF-Maschine zu beachten. Bei einer optimierten Baugruppenaufsplittung ergeben sich Einzelsegmente, die sich eng geschachtelt und in optimaler Stückzahl im Bauraum platzieren lassen und so die Wirtschaftlichkeit der Teilefertigung erhöhen.

7.2.2 Leichtbau

Sowohl die additive Fertigung als auch eine intelligente Gestaltung der konventionell gefertigten Bauteile sowie der Fügestelle ermöglichen Leichtbau und damit Ressourcenschonung. Dies ist gemäß Gestaltungsregel 4 zu empfehlen. Abbildung 7-4 veranschaulicht diesen Ansatz. Eine besondere Bedeutung kommt dabei dem L-PBF-Bauteil zu, weil hier eine Volumeneinsparung gleichbedeutend mit einer Kostensenkung ist, da weniger Material geschmolzen werden muss und sich folglich der Materialaufwand und insbesondere die Maschinenkosten verringern und so ein Beitrag zur wirtschaftlichen Gestaltung der Gesamtbaugruppe geleistet wird.

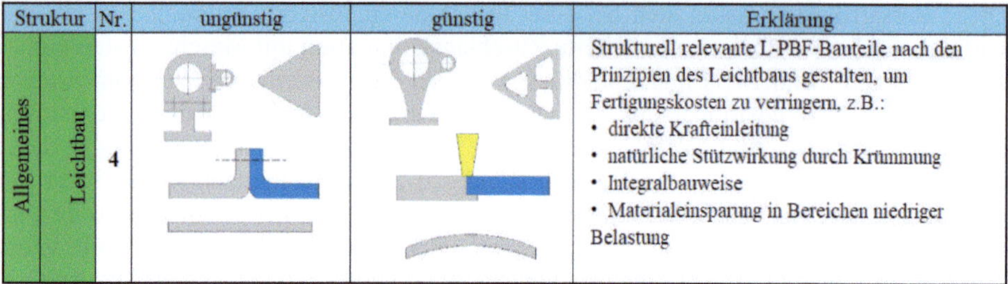

Struktur		Nr.	ungünstig	günstig	Erklärung
Allgemeines	Leichtbau	4			Strukturell relevante L-PBF-Bauteile nach den Prinzipien des Leichtbaus gestalten, um Fertigungskosten zu verringern, z.B.: • direkte Krafteinleitung • natürliche Stützwirkung durch Krümmung • Integralbauweise • Materialeinsparung in Bereichen niedriger Belastung

Abbildung 7-4: Gestaltungsregel 4 – Leichtbau zur Kosteneinsparung und Ressourcenschonung

7.2.3 Auswahl und Gestaltung des konventionellen Fügepartners

Bei der Wahl des konventionellen Fügepartners ist gemäß Abbildung 7-5 zunächst auf die Schweißeignung zu achten. L-PBF-Bauteile sind prinzipbedingt immer schweißbar, konventionelle Bauteile hingegen nicht immer. Einfluss hierauf hat die Werkstoffzusammensetzung, die je nach Art und Menge der Legierungsbestandteile zur Rissbildung neigt und dahingehend zu überprüfen ist [Ost98]. Abhängig von der Ausprägung der Rissneigung kann dem durch die Wahl eines passenden Zusatzdrahtes und somit einer Legierungsbeeinflussung in der Schweißnaht begegnet werden.

Weiterhin hat die Wahl des konventionellen Partners großen Einfluss auf die Komplexität und damit die Kosten der Baugruppe. Ein einfaches Blech oder ein zugeschnittenes Standardprofil sind beispielsweise deutlich günstiger als ein speziell angefertigtes Guss- oder Fräsbauteil.

Je nach Verfahren sind die spezifischen Gestaltungsregeln zu berücksichtigen, auf die aufgrund der großen Vielfalt der möglichen Verfahren hier nicht detailliert eingegangen werden kann. Diese bestimmen die wirtschaftliche und prozessgerechte Gestaltung, aber auch die Eignung für die hybride Baugruppe. Während Fräsbauteile in der Regel sehr präzise hergestellt werden, sind die Toleranzen bei Blech- oder Gussbauteilen größer und es erfordert eine intelligente und prozessgerechte Gestaltung, um die notwendige Maßhaltigkeit für einen fehlerfreien Fügeprozess in der Hybridbaugruppe zu ermöglichen.

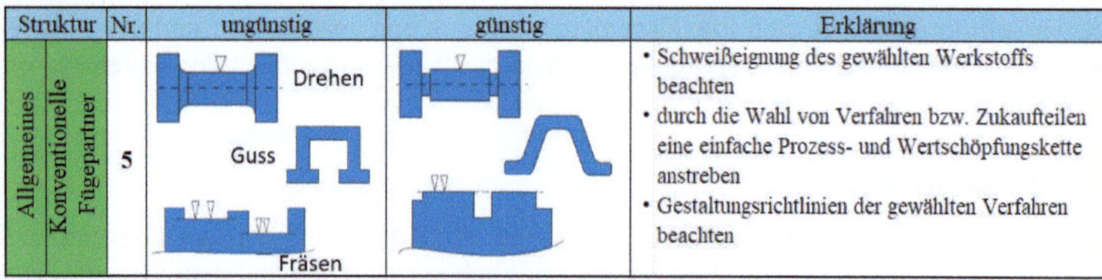

Struktur		Nr.	ungünstig	günstig	Erklärung
Allgemeines	Konventionelle Fügepartner	5	Drehen Guss Fräsen		• Schweißeignung des gewählten Werkstoffs beachten • durch die Wahl von Verfahren bzw. Zukaufteilen eine einfache Prozess- und Wertschöpfungskette anstreben • Gestaltungsrichtlinien der gewählten Verfahren beachten

Abbildung 7-5: Gestaltungsregel 5 - Auswahl und Gestaltung des konventionellen Fügepartners

7.2.4 Festigkeit der hybriden Baugruppe

Die Festigkeit der hybriden Baugruppe wird über die Festigkeit der beteiligten Segmente und Fügeverfahren definiert. Für die L-PBF-Bauteile gibt es umfangreiche Untersuchungen, die eine sehr hohe statische (siehe auch Tabelle 6-3) und auch dynamische Festigkeit von AlSi10Mg und AlSi12 nachweisen. Diese sind abhängig von den Prozessparametern und der Wärmebehandlungsstrategie und können somit nicht verallgemeinert angegeben werden. Die Zugfestigkeit und die Dehngrenze überschreiten dabei deutlich die Referenzwerte vom Guss. Es gibt nach wie vor eine Anisotropie im L-PBF-Material, d. h. eine Abhängigkeit der Festigkeit von der Aufbaurichtung, die bei der Auslegung von hochbelasteten Bauteilen zu berücksichtigen ist [Buc13, Mei18]. Es empfiehlt sich gemäß Regel 6 in Abbildung 7-6 eine Anordnung des Bauteils in der L-PBF-Maschine so, dass die Hauptbelastungsrichtung entlang der XY-Ebene verläuft und entsprechend die größte Belastung nicht senkrecht zu den Schichtebenen auftritt.

Von noch höherer Relevanz für die Gesamtfestigkeit der hybriden Baugruppe ist die Festigkeit der Laserschweißnaht. Diese ist, wie ausführlich in dieser Arbeit dargestellt, nicht porenfrei herzustellen und damit in ihrer Belastbarkeit eingeschränkt. Die Festigkeitsermittlung für eine optimierte Prozessführung ergibt gemäß Kapitel 8.1.3 eine Dehngrenze von > 190 MPa bei der I-Naht am Stumpfstoß für die Legierung AlSi10Mg. Diese liegt deutlich unterhalb der Zugfestigkeit des reinen L-PBF-Materials, jedoch dennoch oberhalb des Wertes der Zugfestigkeit gemäß DIN (150 MPa) für diese Legierung im Sandguss [DIN 20]. Das Versagen tritt dabei in der Naht und nicht im Grundwerkstoff auf. Bei der Auslegung der gefügten Bauteile ist somit zu beachten, dass die Schweißnaht einen Festigkeitsabfall gegenüber dem L-PBF-Werkstoff aufweist. Dies kann, sofern hohe Belastungen vorliegen, durch ein gezieltes Aufdicken des Nahtbereichs kompensiert werden.

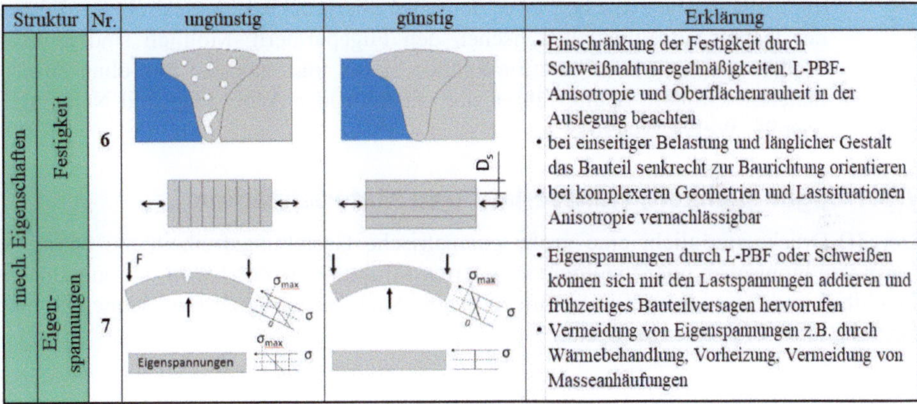

Struktur		Nr.	ungünstig	günstig	Erklärung
mech. Eigenschaften	Festigkeit	6			• Einschränkung der Festigkeit durch Schweißnahtunregelmäßigkeiten, L-PBF-Anisotropie und Oberflächenrauheit in der Auslegung beachten • bei einseitiger Belastung und länglicher Gestalt das Bauteil senkrecht zur Baurichtung orientieren • bei komplexeren Geometrien und Lastsituationen Anisotropie vernachlässigbar
	Eigenspannungen	7			• Eigenspannungen durch L-PBF oder Schweißen können sich mit den Lastspannungen addieren und frühzeitiges Bauteilversagen hervorrufen • Vermeidung von Eigenspannungen z.B. durch Wärmebehandlung, Vorheizung. Vermeidung von Masseanhäufungen

Abbildung 7-6: Gestaltungsregeln 6 & 7 - Festigkeit und Eigenspannungsüberlagerung

Regel 7 beschreibt Hinweise zur Vermeidung von Eigenspannungsüberlagerungen in einer gefügten L-PBF-Baugruppe. Eigenspannungen werden sowohl im 3D-Druck als auch im Fügeprozess eingebracht. Hinzu kommen externe Spannungen, denen das Bauteil ausgesetzt ist. Im schlimmsten Fall überlagern sich diese drei Spannungen in gleicher Richtung, sodass eine verhältnismäßig geringe äußere Last schon zum Versagen führt. Um dies zu vermeiden, wird auf thermische (Spannungsarmglühen und Nutzung der Vorheizung im L-PBF-Prozess) sowie konstruktive Möglichkeiten verwiesen. Die konstruktiven Maßnahmen, z. B. Vermeidung von Materialanhäufungen oder optimierte Strukturübergänge, werden hier nicht weiter betrachtet, da sie keinen weiteren Einfluss auf die Schweißbarkeit haben. Diese Hinweise sind z. B. von Kranz oder Adam erläutert [Kra17, Ada15].

7.3 Gestaltungsempfehlungen basierend auf den Laserschweißprozessanforderungen

Der Laserschweißprozess hat einige Charakteristika, die einen großen Einfluss auf die fügegerechte Gestaltung haben und entsprechend die Grundlage der folgenden Gestaltungsregeln bilden. Folgende Punkte sind von besonderer Bedeutung:

- Ein Laserschweißkopf ist mit ca. 15 cm x 20 cm x 60 cm (L x B x H) verhältnismäßig groß. Zudem ist eine maximale Abweichung des Einstrahlwinkels des Lasers von 20° gegenüber der Senkrechten zu empfehlen, da sich ansonsten die Absorption der Laserstrahlung signifikant verringert. Es muss somit die Zugänglichkeit für den Bearbeitungskopf und den Laserstrahl sowie eine optionale Schutzgas- und Zusatzdrahtzufuhr durch eine angepasste Gestaltung gewährleistet sein.

- Der Laserschweißprozess erfolgt in der Regel kontaktlos. Die richtige Bauteilpositionierung und das Spannen der Fügepartner zueinander muss somit durch eine Spannvorrichtung erfolgen. Eine geeignete Bauteilgestaltung bietet Spannflächen, ermöglicht eine toleranzgerechte Positionierung und optional bereits eine Vorpositionierung.

- Durch den typischerweise sehr kleinen Fokusdurchmesser des Laserstrahls von ca. 0,1-0,6 mm sowie nicht (zwangsläufig) vorhandenes Zusatzmaterial sind nur minimale Spalte zwischen zwei Bauteilen überbrückbar. Angestrebt wird daher der technische Nullspalt zwischen den Fügepartnern. Möglich sind je nach Stoßart und Laserkonfiguration Spalte von 0,1 und max. 0,3 mm ohne Zusatzmaterial. Größere Spalte führen u. a. zu fehlender Anbindung und Nahteinfall [Zop95, Wel94, Mat96].

7.3.1 Zugänglichkeit, Nahtverlauf und Materialstärken

Der 3D-Druck ermöglicht eine große geometrische Gestaltungsfreiheit, die häufig in Form von bionischen oder topologieoptimierten Strukturen genutzt wird, um maximalen Leichtbau und Ressourceneffizienz umzusetzen. Auch bei gefügten Baugruppen ist man bestrebt, diese Prinzipien zu nutzen.

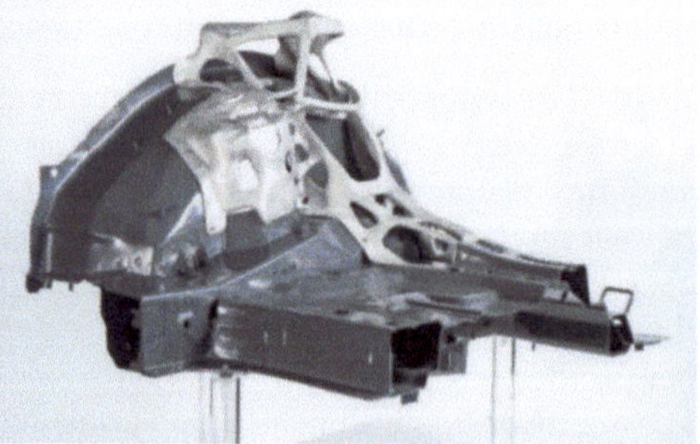

Abbildung 7-7: Beispiele für die geometrische Komplexität von geschweißten L-PBF-Baugruppen –Light Rider (links) [APW16] und zweiteiliger Dämpferdom (rechts) [EDA20]

Abbildung 7-7 greift noch einmal zwei bereits realisierte gefügte Baugruppen auf, um die Gesamtbaugruppenkomplexität und damit auch die Komplexität in Bezug auf die Zugänglichkeit für den Fügeprozess darzustellen. Der Light Rider von AP Works wurde für das Lichtbogenschweißen ausgelegt und ist bei dem gewählten Nahtverlauf und der Zugänglichkeit auch nur mit diesem kompakteren Werkzeug zu schweißen. Das Laserstrahlschweißen ist für die gewählten ungleichmäßigen Materialdicken und komplexen Konturverläufe ungeeignet. Die Fügegeometrie des zweiteiligen Dämpferdoms wurde vom Fraunhofer IAPT bereits im Zuge der Validierung dieser Arbeit konzipiert, sodass die Gestaltungsregeln berücksichtigt wurden und eine laserschweißgerechte Gestaltung gewählt wurde.

Die beiden Regeln 8 und 9 bauen auf den Richtlinien von Welsch [Wel94] für das Laserstrahlschweißen im klassischen blechbasierten Automobilbau auf, werden hier jedoch noch einmal ausführlich thematisiert und erweitert, da L-PBF-Bauteile geometrisch stark von klassischen Blechbauteilen abweichen, sowohl in der häufig komplexen und auf Freiformflächen basierten Gestaltung als auch den Dickenverläufen. Bei den schweißgerechten L-PBF-Bauteilen ist somit ein Kompromiss aus der komplexen und hochfunktionalen Gestalt wie auch den Anforderungen des Schweißprozesses zu finden.

Die Zugänglichkeit der Schweißnaht muss sowohl für den Laserstrahl als auch den Laserschweißkopf inkl. ggf. Schutzgasdüse und Drahtzufuhr sichergestellt sein. Abbildung 3-6 zeigt beispielhaft einen Laserschweißkopf inkl. Schutzgaszufuhr. Diese ohnehin schon großen Köpfe sind in der Regel an Linearachsen- oder Robotersysteme montiert, die genauso wie die Lichtleitkabel und sonstige Versorgungsleitungen bei der Zugänglichkeit zu beachten sind. Weiter einschränkend ist die Anforderung, dass der Laserstrahl in einem Winkel von max. 20° gegenüber der Normalen einstrahlen sollte, um einen stabilen Schweißprozess zu ermöglichen. Auch bei komplexen Hybridbaugruppen ist diese Zugänglichkeit für den Schweißprozess bereits bei der Konstruktion zu berücksichtigen. Abhängig von der zur Verfügung stehenden Laserstrahlleistung und der erforderlichen Einschweißtiefe ist eine einseitige Zugänglichkeit ausreichend oder es muss sogar auf der Vorder- und Rückseite die Zugänglichkeit gewährleistet werden, da die Rahmenbedingungen eine beidseitige Schweißung erfordern. Als erste grobe Abschätzung, die jedoch von vielen Einflussfaktoren wie dem Fokusdurchmesser, der Schweißgeschwindigkeit etc. abhängt, lässt sich kalkulieren, dass man mit einem Kilowatt (kW) Laserleistung knapp einen Millimeter tief einschweißen kann. Beispielhaft muss bei geforderten 6 mm Anbindungstiefe und nur 3 kW zur Verfügung stehender Laserstrahlleistung beidseitig geschweißt werden und somit auch beidseitig die Zugänglichkeit gewährleistet werden.

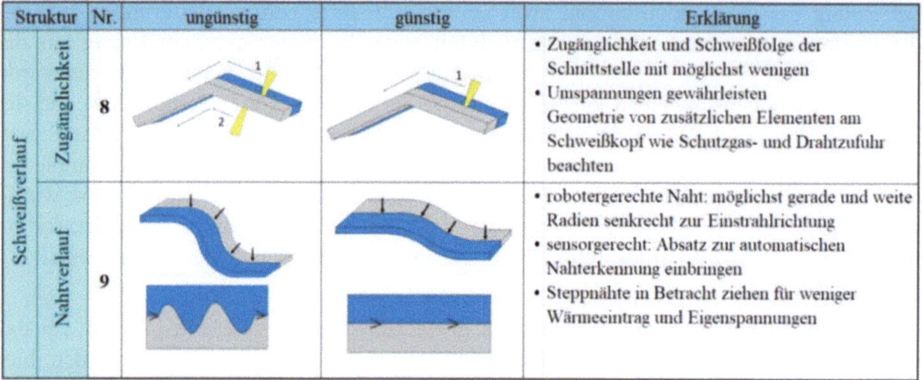

Abbildung 7-8: Gestaltungsregeln 8 & 9 - Zugänglichkeit und Nahtverlauf [in Anlehnung an Wel94]

Regel 9 fordert einen automatisierungsgerechten Nahtverlauf. Laserschweißprozesse sind aufgrund der hohen Laserschutzanforderungen teil- oder vollautomatisiert. Dies erfordert Nahtverläufe, die gut programmierbar sind. Hierbei sollten die Nahtverläufe gemäß Abbildung 7-8 möglichst gerade gewählt sein und weite Radien aufweisen. Weiterhin ist die Materialstärke oder zumindest die benötigte Einschweißtiefe gemäß Regel 10 in Abbildung 7-9 über den Nahtverlauf konstant zu halten oder alternativ in definierten Sprüngen zu variieren. Eine Änderung der Einschweißtiefe würde eine Anpassung der Prozessparameter erfordern, was möglich ist, aber auch aufwändig sein kann. Die Parameter sind somit optimalerweise konstant oder nur punktuell anzupassen. Entsprechend sind auch die Nahtein- und -ausläufe zu gestalten. Auch hier sind einfache Formen zu wählen, die eine angepasste Prozesssteuerung ermöglichen.

Struktur	Nr.	ungünstig	günstig	Erklärung
Schweißverlauf / Einschweißtiefe	10			• gleichmäßige Materialdicken bzw. Einschweißtiefen verwenden; ggf. definierte Dickensprünge • Nahtein- und -ausläufe schweißgerecht gestalten

Abbildung 7-9: Gestaltungsregel 10 – konstante Einschweißtiefen

7.3.2 Spanngerechte Gestaltung

Der automatisierte Laserschweißprozess benötigt eine präzise und steife Spanntechniklösung, um den vom Prozess induzierten Eigenspannungen entgegenzuwirken. Die L-PBF-Bauteile bieten dabei sowohl Herausforderungen bei klassischer Spanntechnik als auch Lösungspotentiale über bauteilintegrierte Spannkonzepte, die man von klassischen Bauteilen nicht kennt. L-PBF-Bauteile sind in der Regel komplex mit Freiformflächen gestaltet und werden auch nur in kleiner Stückzahl hergestellt und gefügt. Aufgrund der kleinen Stückzahl werden somit meist modulare und wiederverwendbare Spanntechniklösungen wie z. B. Loch- oder Nutentische mit standardisierten Spannelementen gegenüber bauteilspezifischen Vorrichtungen bevorzugt. Diese Spannsysteme benötigen jedoch definierte Angriffsflächen für die Spannelemente und auch Auflageflächen als Gegenlager, die die Spannkräfte aufnehmen. L-PBF-Bauteile sind häufig bionisch gestaltet oder bestehen aus filigranen (Gitter-)Strukturen und bieten diese Spannflächen nicht. Gemäß Regel 11 sind die Bauteilstrukturen somit lokal zu vereinfachen, um diese Spann- und Auflageflächen zu bieten. Sollte dies nicht möglich sein und die komplexe Bauteilform unverzichtbar sein, gibt es Alternativlösungen. Zum Beispiel lassen sich über Spannbacken, die aus einer Vielzahl versenkbarer Pins bestehen, auch komplizierte Formen mit geringem Aufwand formschlüssig aufnehmen [Mat22]. Alternativ lassen sich bereits in der Bauteilkonstruktion geometrieangepasste Spannstücke ableiten und mittels Kunststoffdruck preiswert drucken. Weiterhin bietet der 3D-Druck durch seine Gestaltungsfreiheit die Möglichkeit, Spann- und Auflageflächen an komplexen Bauteilen vorzusehen. Dies kann gemäß Abbildung 7-10 z. B. durch die lokale Vereinfachung der 3D-Geometrie erfolgen. Wenn dies funktionsbedingt nicht möglich ist, können ergänzend zur Bauteilgeometrie temporäre Spannflächen vorgesehen werden, die über Supportstrukturen angebunden und nach dem Fügen einfach wieder entfernt werden.

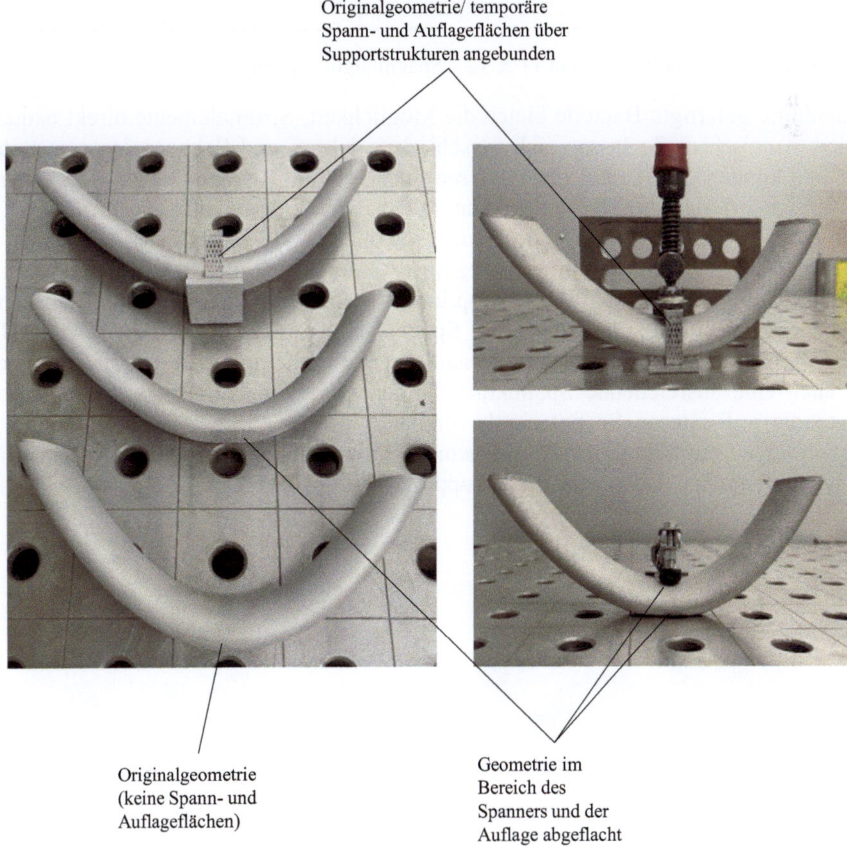

Abbildung 7-10: bauteilintegrierte Spann- und Positionierhilfen

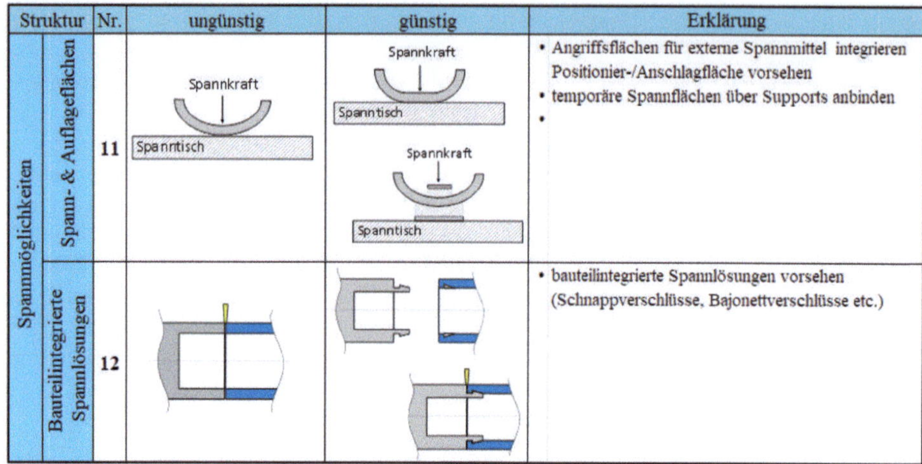

Abbildung 7-11: Gestaltungsregeln 11 & 12 – Spannmöglichkeiten

Laseradditiv gefertigte Bauteile bieten die Möglichkeit, Spannelemente direkt bauteilintegriert vorzusehen. So lassen sich verschiedene Klipp- und Schnappelemente mitdrucken und können das Bauteil ohne externe Spanntechnik fixieren. Neben dem Potential zur Selbstzentrierung aus Regel 16 kann so der externe Spannaufwand im Bereich der Naht gänzlich eliminiert werden und damit sowohl Zeit als auch Kosten eingespart. Ein weiterer Vorteil ist, dass durch den Wegfall externer Spannmittel auch die Zugänglichkeit zur Schweißnaht gemäß Regel 8 optimiert wird. Abbildung 7-12 zeigt die Umsetzung entsprechender bauteilintegrierter Spannlösungen. Sowohl der entwickelte Bajonettverschluss als auch der Schnappverschluss bieten eine präzise Bauteilpositionierung und auch eine ausreichende Spannkraft für den Laserschweißprozess. Es kann somit vollständig auf externe Spanntechnik verzichtet werden. Gleichzeitig integrieren die Spannlösungen die Schmelzbadstütze gemäß Gestaltungsregel 14. Beide Varianten lassen sich bereits im CAD gestalten und supportarm drucken.

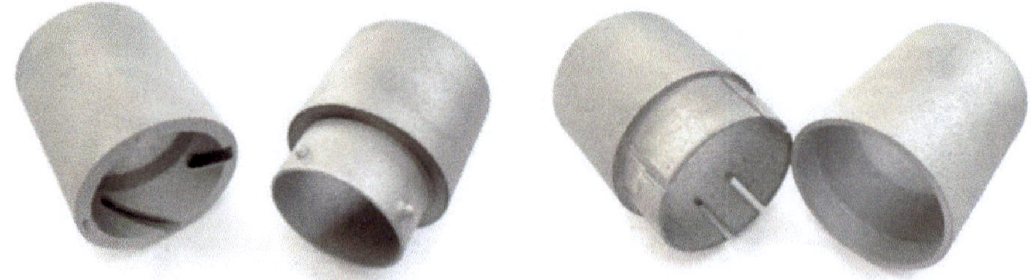

Abbildung 7-12: Bauteilintegrierte Spannlösungen: Bajonettverschluss (links) und Schnappverbindung (rechts)

7.3.3 Schmelzbadabstützung

Die Schmelze vom Aluminium hat eine sehr niedrige Viskosität und neigt somit dazu – insbesondere bei größeren Schmelzbädern, wenn z. B. wenn sehr langsam geschweißt wird, ein großer Fokusdurchmesser oder große Einschweißtiefen vorliegen –, der Schwerkraft zu folgen und nach unten aus der Naht auszutreten. Folglich entstehen ein kritischer Wurzeldurchhang und ein Einfall der Oberraupe. Dem sollte begegnet werden, indem man die Schmelze abstützt und so die korrekte und belastbare Nahtform wahrt. Dies kann gemäß Regel 13 über eine externe Badstütze, z.B. in Form einer geometrieflexiblen Glasfasermatte, erfolgen, die gerade bei komplex geformten 3D-Druck-Bauteilen gut geeignet ist.

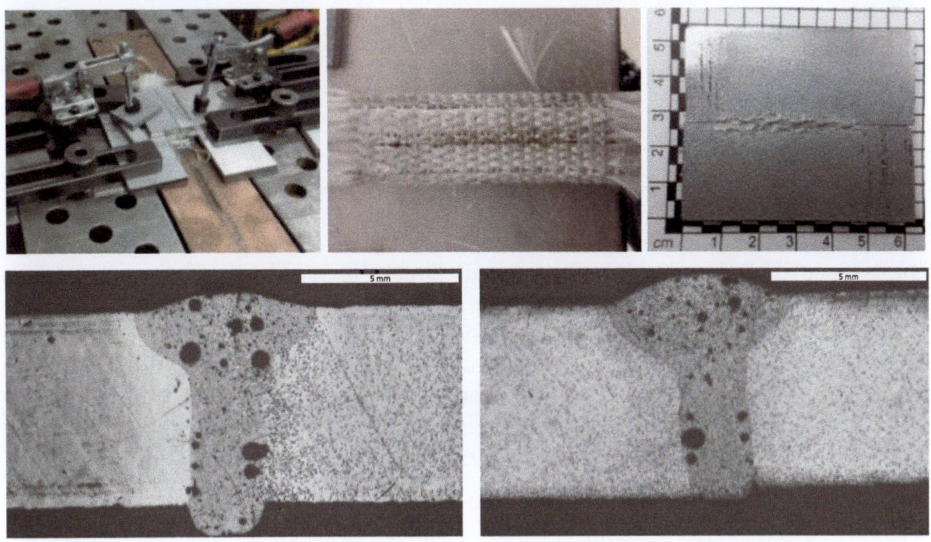

Abbildung 7-13: Versuche zur Einflussanalyse einer externen Schmelzbadstütze. Oben: Aufspannung (links), genutzte Glasfasermatte (Mitte), Mattenabdruck an der Nahtwurzel (rechts). Unten: Querschnitt und Porosität einer Schweißnaht ohne (links) und mit Badstütze (rechts)

Die in Abbildung 7-13 dargestellten Untersuchungen zeigen den positiven Effekt der Badstütze auf den Nahtdurchhang. Dabei ist ein festes Andrücken der Glasfasermatte erforderlich, um die gewünschte Stützwirkung zu erzielen. Weiterhin zeichnet sich, wie in der Grafik oben rechts ersichtlich, die Struktur der Matte auf der Nahtrückseite ab. Dies wird als unkritisch bewertet und kann bei Bedarf durch glatte Badstützen, wie z.B. eine Keramikplatte, verhindert werden. Die Schliffbildauswertungen zeigen, dass die Badstütze keinen negativen Einfluss auf die Nahtporosität hat, auch wenn dadurch ein potentieller Ausgasungsweg verschlossen wird. Gemäß den wirkenden Auftriebskräften ist hierfür jedoch die Nahtoberseite ausreichend.

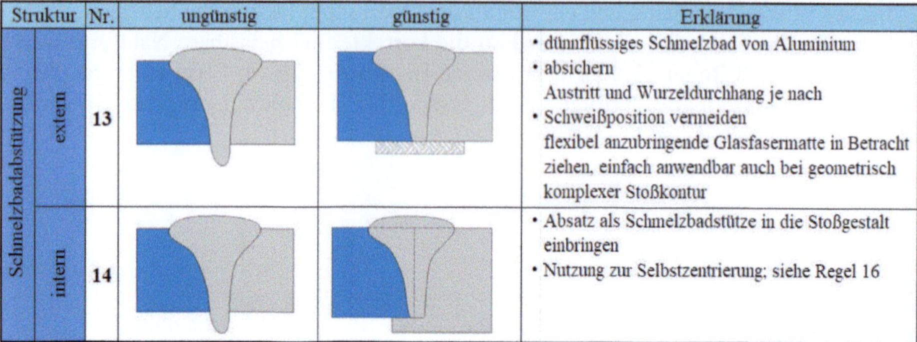

Abbildung 7-14: Gestaltungsregeln 13 & 14 – Schmelzbadstütze

Die geometrische Gestaltungsfreiheit des 3D-Drucks lässt sich gemäß Gestaltungsregel 14 nutzen, um statt einer ergänzenden externen Schmelzbadstütze, die mit Materialkosten und zusätzlichen Prozessschritten für die Positionierung und Entnahme verbunden ist, eine bauteilintegrierte Lösung zu gestalten. Hierfür ist der Stoß gemäß Abbildung 7-14 so zu gestalten, dass über einen Absatz eines Fügepartners die Stützwirkung entsteht. Dieser Absatz kann gemäß Regel 16 gleichzeitig einen Mehrwert als Positionierhilfe bieten und so den Spannaufwand reduzieren.

7.3.4 Nahtvorbereitung

Der Laserstrahlschweißprozess erfordert den sogenannten technischen Nullspalt, damit der Laserstrahl ins Material einkoppeln kann und hochwertige Schweißnähte mit einer vollständigen Anbindung und ohne kritischen Nahtdurchhang erzeugt. Ein Spalt ist jedoch niemals gänzlich zu verhindern und die Annäherung an einen realen Nullspalt mittels fräsender oder erodierender Kantenvorbereitung ist mit hohen zusätzlichen Kosten verbunden. Ziel ist es somit, bei der Kantenvorbereitung das wirtschaftliche Optimum zu realisieren. Das heißt, genau so viel Aufwand in die Nahtvorbereitung zu investieren, dass die Grenzwerte für einen zuverlässigen Laserschweißprozess knapp eingehalten werden. Die Literatur erlaubt folgende Grenzwerte bei der Nahtvorbereitung bei den relevantesten Stoßarten und Nahtformen.

Tabelle 7-2: Übersicht über die Literaturempfehlungen für maximale Fügespalte [Mat96, Wel94, Zop95]

Stoßart & Nahtform	Toleranzdarstellungen	zulässige Toleranzen gemäß Literatur
I-Naht am Überlappstoß:		Welsch [Wel94]: $s = 0{,}2\,d_{min}$ (max. 0,25 mm)
		Zopf [Zop95]: $s = \text{max. } 0{,}2$ mm
		Matzeit [Mat96]: $s = 0\text{-}0{,}35$ mm

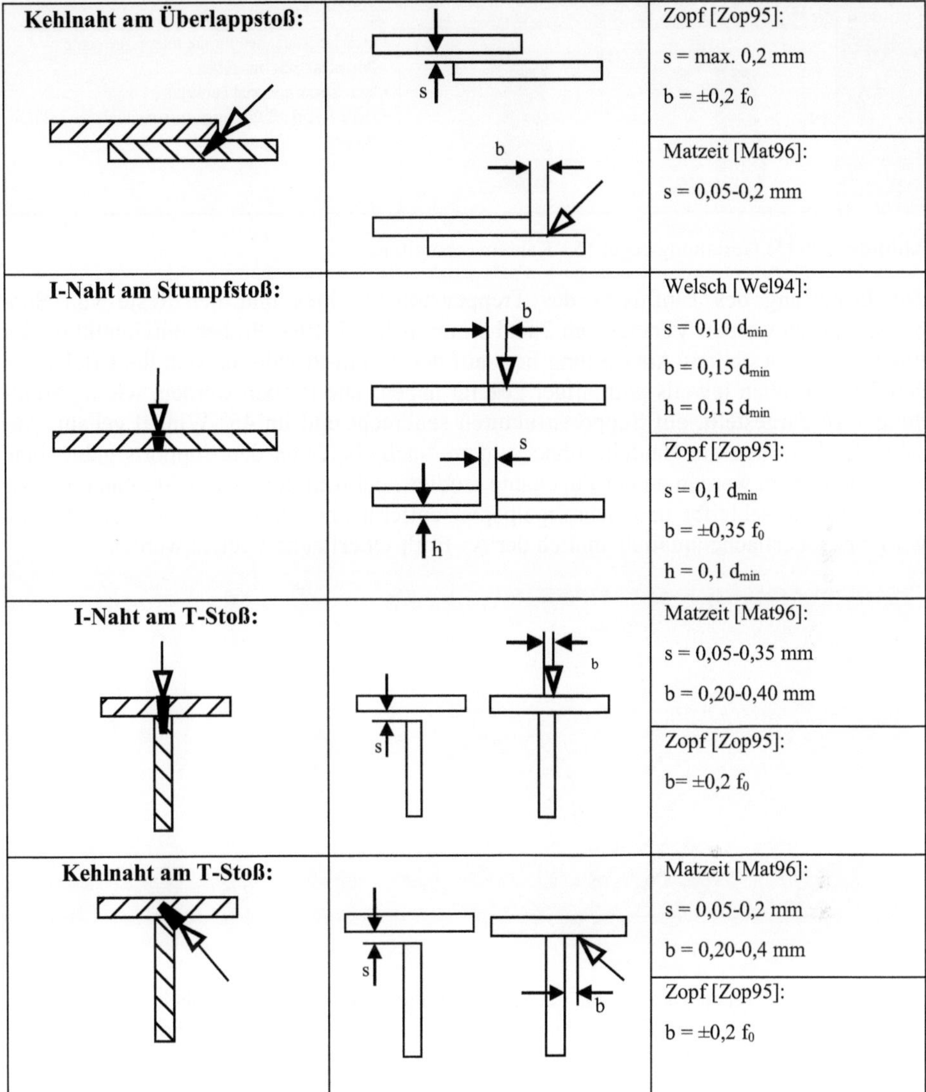

Für die Einhaltung der Spalttoleranzen aus Tabelle 7-2 ist die Rauheit der Kante gemäß Regel 15 in Abbildung 7-15 ein zentraler Einflussfaktor. Sie wird bei L-PBF-Bauteilen durch anhaftende Pulverpartikel, den Treppenstufeneffekt sowie ggf. Supportrückstände beeinflusst. Auf weitere Einflüsse, resultierend aus Prozessfehlern, z. B. fehlenden oder abgelösten Supportstrukturen, wird nicht gesondert eingegangen. Anhaftende Pulverpartikel spielen eine untergeordnete Rolle. L-PBF-Bauteile werden in der Regel mittels Sandstrahlen davon befreit. Dies ist gerade bei Schweißbauteilen unbedingt zu empfehlen. Mittels verdichtenden Strahlens, z. B. mit Glasperlen als Strahlmaterial, lässt sich dabei auch die übrige Rauheit reduzieren.

Struktur	Nr.	ungünstig	günstig	Erklärung
Kantenvorbereitung — Rauheit	15			• niedrige Rauheiten für die toleranzgerechte Positionierung anstreben • kein Zusatzmaterial notwendig • siehe Regel 18 für Supportvermeidung am L-PBF-Bauteil

Abbildung 7-15: Gestaltungsregel 15 - Kantenvorbereitung

Zur Ermittlung des Einflusses des Treppenstufeneffektes und der Reste von Supportstrukturen werden Versuche an 2 und 5 mm dicken L-PBF-Proben durchgeführt. Der Fokus der dargestellten Auswertung liegt auf den 5-mm-Proben, da sich die Effekte bei den 2-mm-Proben jeweils gutmütiger gezeigt haben. Die Proben werden, wie in Abbildung 7-16 dargestellt, auf Supportstrukturen senkrecht und im 45°-Winkel gebaut. Anschließend werden die Bauteile ohne weitere Nacharbeit von den Supports gebrochen. Einzelne Proben werden an der Fügekante erodiert, bei weiteren werden die Supportreste mittels Elektroschleifer und Schmirgelpapier entfernt und die Oberfläche geglättet. So wird eine Oberflächenqualität ähnlich der As-Built-Oberfläche erreicht werden.

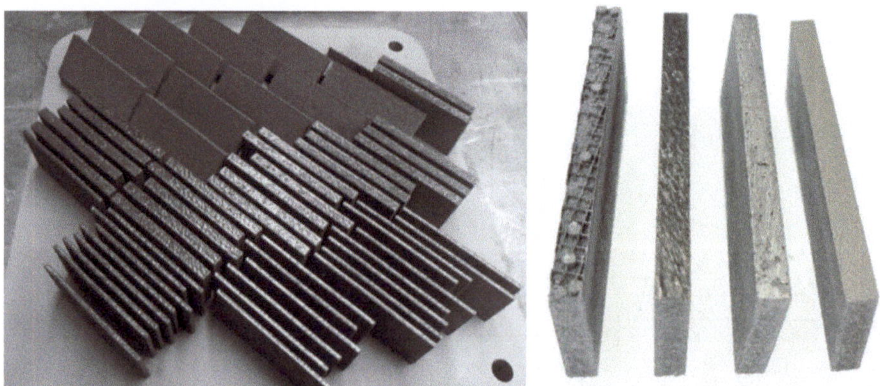

Abbildung 7-16: Versuchskörper zur Einflussermittlung der Oberflächenrauigkeit. Probekörper auf der Bauplattform (links); Fügeflächen mit Supportresten, Oberfläche wie gebaut, mittels Schleifpapier geglättete Supportreste und erodierte Oberfläche (rechts)

Bereits in der Aufspannung für das Laserstrahlschweißen lässt sich gemäß Abbildung 7-17 der resultierende Spalt bei den unterschiedlichen Konfigurationen erkennen. Es wird deutlich, dass die Supportreste zu einem kritisch großen Spalt führen. Dabei ergibt sich noch einmal ein deutlicher Unterschied, ob einer oder beide Fügepartner über Supportreste verfügen.

Abbildung 7-17: Vergleich der Fügespalte: Erodiert/Erodiert (links), Supportreste/Erodiert (Mitte), Supportreste/Supportreste (rechts)

Geschweißt wird mit dem roboterbasierten Einzelfokussystem gemäß Tabelle 3-2 mit 5 kW Laserstrahlleistung, 2 m/min Vorschubgeschwindigkeit und ergänzend mit 2 m/min Zusatzdraht der Stärke 1,2 mm, um das Maximum der Spaltüberbrückbarkeit zu erproben. Zudem liegen die Bauteile auf einer ebenen Schmelzbadstütze, was das Austreten der Schmelze nach unten verhindert. Ohne Zusatzdraht und Badstütze wären die Grenzen der Schweißeignung bei noch geringeren Spaltsituationen erreicht, da die Schmelze dann ungehindert durchsackt und auch nicht durch Zusatzmaterial kompensiert wird. Dennoch sind die Ergebnisse gemäß Tabelle 7-3 eindeutig und lassen sich auch auf Schweißprozesse ohne Zusatzdraht und Badstütze übertragen. Anhand der Querschliffe, insbesondere bei Betrachtung des Nahteinfalls, lassen sich folgende Ergebnisse zusammenfassen. Je schlechter die Nahtvorbereitung ausgeführt ist, desto größer ist der Spalt und folglich auch der Nahteinfall. Die Porosität wird dabei in diesem Abschnitt nicht gesondert betrachtet und ist Bestandteil der vorherigen Kapitel.

- Erodierte Schweißstöße zeigen erwartungsgemäß die beste Schweißeignung und sind uneingeschränkt zu empfehlen. Dieses Ergebnis lässt sich auch auf gefräste Kantenvorbereitungen übertragen.

- Es zeigt sich kein signifikanter Unterschied zwischen 45°-Proben und senkrecht gebauten. Beim Aluminium verläuft die Schmelze aufgrund der niedrigen Viskosität, sodass sich die Oberflächenqualität annähert. Der Treppenstufeneffekt kann somit bei der Nahtvorbereitung vernachlässigt werden.

- Unbehandelte Bauteilkanten zeigen nur eine geringfügige Einbuße in der Nahtform gegenüber erodierten Stößen. Eine fräsende oder erodierende Nahtvorbereitung ist somit nicht erforderlich.

- Schweißstöße mit unbehandelten Supportrückständen sind nicht schweißgeeignet. Noch deutlicher wird dies, wenn zwei supportbehaftete Flanken miteinander gefügt werden sollen. Durch den zu großen Spalt kommt es trotz Zusatzdraht zu einem deutlichen Nahteinfall. In Einzelfällen war es gar nicht möglich, überhaupt eine Einkopplung des Lasers zu erreichen und damit eine Naht zu erzeugen.

- Eine gründliche Entfernung der Supportreste ist notwendig. Dabei ist nicht zwingend ein teurer Fräs- oder Erodierprozess erforderlich. Es reicht eine Glättung des Stoßes mittels Schleifen auf ein Glättungsniveau vergleichbar mit den unbehandelten As-Built-Oberflächen.

Tabelle 7-3: Schweißnahtgeometrie in Abhängigkeit von der Kantenvorbereitung – Qualität der Kantenvorbereitung absteigend von oben links nach unten rechts

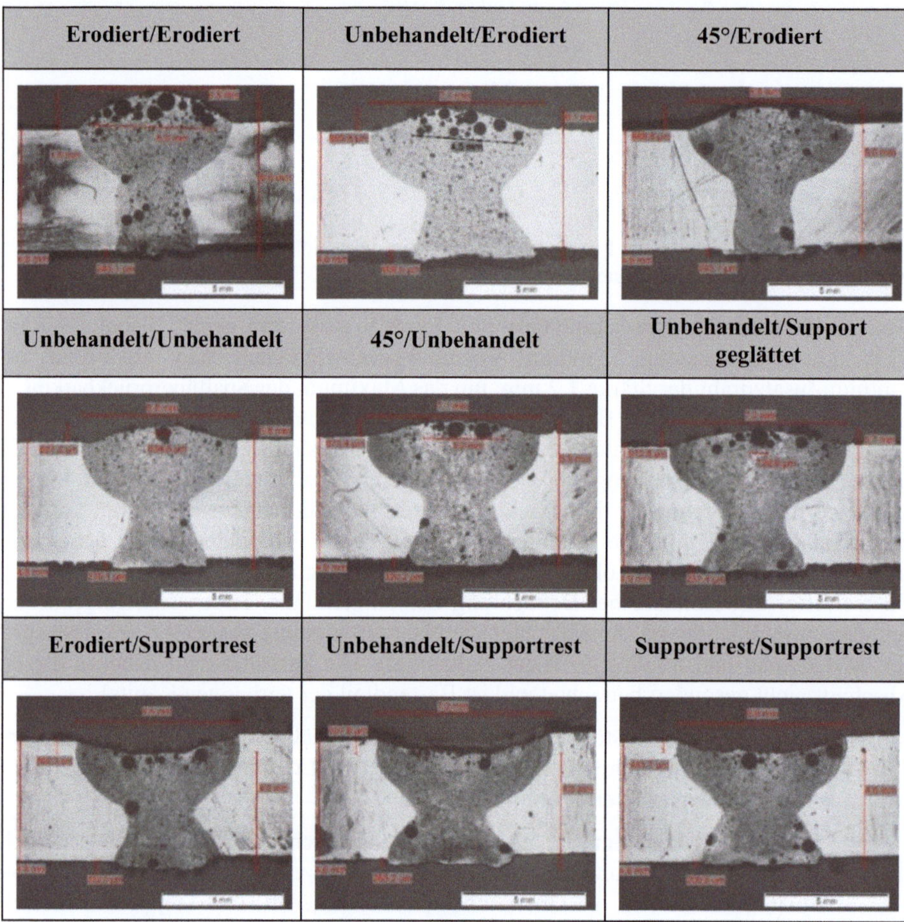

Erodiert/Erodiert	Unbehandelt/Erodiert	45°/Erodiert
Unbehandelt/Unbehandelt	45°/Unbehandelt	Unbehandelt/Support geglättet
Erodiert/Supportrest	Unbehandelt/Supportrest	Supportrest/Supportrest

Wichtig ist zu beachten, dass diese Ergebnisse an kurzen, 60 mm langen und geraden Probestücken erzielt wurden. Bei Realbauteilen mit komplexerer Geometrie und ggf. der Überlagerung von Rauigkeiten mit Bauteilverzügen und fehlenden Möglichkeiten zum Toleranzausgleich können unabhängig von der Kantenvorbereitung aufsummierte Fügespalte entstehen. In diesem Falle ist eine Messung der Spalte mit z. B. einem Fühlerlehrenband empfehlenswert, um anhand der Tabelle 7-2 zu ermitteln, ob eine Nacharbeit erforderlich ist.

Im Rahmen der Versuchsreihen zeigt sich weiterhin, dass die Finishingprozesse Sandstrahlen, Erodieren und Fräsen keinen negativen Einfluss auf die Schweißeignung des Materials haben, obwohl diese Prozesse mit Strahlmittel, Wasser bzw. Kühlschmierstoffen betrieben werden. Diese dringen nicht ins Material ein. Oberflächliche Einflüsse der Medien werden im obligatorischen Reinigungsprozess vor dem Schweißen entfernt.

7.3.5 Stoßgestaltung

Der 3D-Druck bietet die Möglichkeit, über eine intelligente Stoßgestaltung den Spann- und Positionieraufwand zu reduzieren. Über Absätze an einem Fügepartner, dargestellt in Abbildung 7-18, lässt sich die Position des zweiten Fügepartners vordefinieren. Externe Spanntechnik dient dann nur noch dem Fixieren der Bauteile und nicht mehr dem Positionieren. Kombiniert man Gestaltungsregel 16 und 12, kann externe Spanntechnik in Gänze entfallen und so durch minimalen Rüstaufwand die Kosten reduziert werden. Gleichzeitig kann die Positionierhilfe gemäß Gestaltungsregel 14 als Schmelzbadstütze ausgeprägt werden.

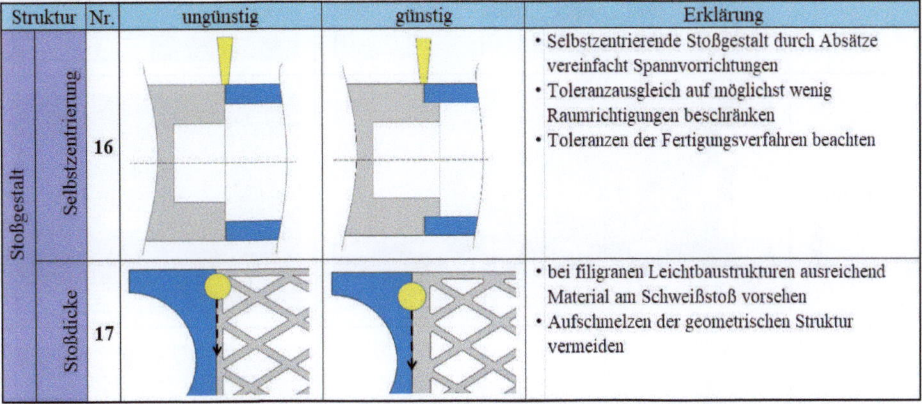

Struktur		Nr.	ungünstig	günstig	Erklärung
Stoßgestalt	Selbstzentrierung	16			• Selbstzentrierende Stoßgestalt durch Absätze vereinfacht Spannvorrichtungen • Toleranzausgleich auf möglichst wenig Raumrichtigungen beschränken • Toleranzen der Fertigungsverfahren beachten
	Stoßdicke	17			• bei filigranen Leichtbaustrukturen ausreichend Material am Schweißstoß vorsehen • Aufschmelzen der geometrischen Struktur vermeiden

Abbildung 7-18: Gestaltungsregel 16 & 17 - Stoßgestalt

Laseradditiv gefertigte Bauteile sind häufig filigran ausgeprägt. Dies dient dem Zwecke des Leichtbaus, aber auch der Kostenreduktion, da die Fertigungskosten im Wesentlichen durch das zu schmelzende Volumen getrieben werden [Sch16]. Bei Schweißbaugruppen muss die Leichtbaustruktur jedoch gemäß Gestaltungsregel 17 in eine solide Stoßgeometrie überführt werden. Für das Laserstrahlschweißen ist wie in den Gestaltungsregeln 9 und 10 beschrieben ein durchgängiger, nicht zu komplex verlaufender Nahtverlauf mit konstanter Dicke erforderlich. Hinzu kommt, dass auch neben der Fügelinie ausreichend Material zur Ausprägung der Nahtgeometrie und zur Wärmeableitung vorhanden sein muss. Im Sinne des Leichtbaus ist es anzustreben, diese notwendigen Schweißstöße effizient, z. B. bionisch oder topologieoptimiert, aus dem Bauteil zu überführen.

Tabelle 7-4 zeigt anhand eines Beispielprozesses die Grenzen der Schweißeignung bei abnehmenden Stegbreiten auf. In diesem Fall wird mit konstanten Schweißparametern eine Anbindungstiefe von ca. 3 mm realisiert. Bei einer Stegbreite von 2,7 mm oder größer prägt sich eine saubere Naht ohne Einfluss auf die Bauteilgeometrie aus. Bei 2,2 mm ist die Naht weiterhin korrekt ausgeprägt, es zeichnet sich jedoch bereits deutlich der Wärmeeinfluss auf den Bauteilseiten ab. Durch die beeinträchtigte seitliche Wärmeableitung aufgrund fehlenden Materials verbreitert sich die Naht gegenüber dem 2,7 mm breiten Steg. Bei einer weiteren Reduktion der Stegbreite auf 1,6 mm kommt es zu einer Zerstörung der Bauteilkanten, die durch die Naht mit aufgeschmolzen werden.

Tabelle 7-4: Einfluss der Stegbreite bei konstanter Einschweißtiefe von 3 mm - Parameter: v_s = 4,5 m/min, P_L= 5 kW, d_f = 300 µm

Stegbreite	Seitenansicht	Nahtquerschnitt
1,2 mm		3,0 mm
1,6 mm		3,3 mm
2,2 mm		3,2 mm
2,7 mm		3,0 mm
3,1 mm		3,1 mm

Ein fester Kennwert für die Mindeststegbreite ist nicht zu definieren, da er von verschiedenen Prozessparametern abhängt, die je nach Anlage und Anwendung stark variieren können. Die Versuche aus Tabelle 7-4, die ergänzend auch für 1 und 5 mm Einschweißtiefe durchgeführt wurden, zeigen, dass eine sichere Naht geschweißt werden kann, wenn die Stegbreite des einzelnen Fügepartners der Nahtbreite entspricht, d. h. die gesamte Fügezone beider Fügepartner doppelt so breit ist wie die Naht. Die Breite der Naht ist bei der Konstruktion in der Regel jedoch noch nicht bekannt und kann über das Aspektverhältnis abgeschätzt werden. Dieses gibt das Verhältnis von Nahttiefe zu Nahtbreite an. Man kann damit die Stegbreite wie folgt abschätzen:

$$\text{Mindeststegbreite} = \text{Einschweißtiefe/erwartetes Aspektverhältnis}$$

Das Aspektverhältnis ist von verschiedenen Prozessparametern wie dem Fokusdurchmesser des Lasers, der Fokuslage, der Schweißgeschwindigkeit und ggf. auch noch Pendelformen etc. abhängig. Aluminiumbauteile haben aufgrund der guten Wärmeleitung des Materials ein geringeres Aspektverhältnis als z. B. Stahlbauteile. In den verschiedenen Versuchsreihen dieser Arbeit wurden beim Tiefschweißen Aspektverhältnisse in folgenden Größenordnungen ermittelt, die im Rahmen der Abschätzung genutzt werden können:

- bei kleinen Fokusdurchmessern (< 100 μm) und hohen Schweißgeschwindigkeiten (> 5 m/min) ca. 2 : 1

- bei geringen Schweißgeschwindigkeiten von 1–5 m/min und größeren Fokusdurchmessern bzw. Defokussierung: zwischen 1,5 : 1 und 1 : 1,5

- Bei gependelten oder mit Doppelfokusoptik bewusst aufgeweiteten Nähten sinkt das Aspektverhältnis auf ca. 1 : 2.

Für eine 2 mm tiefe Naht lässt sich die Mindeststegbreite somit wie folgt abschätzen: 2 mm Einschweißtiefe dividiert durch ein mittleres Aspektverhältnis von 1 : 1 (Annahme 3 m/min Schweißgeschwindigkeit und 300 μm Fokusdurchmesser) ergibt eine empfohlene Stegbreite von 2 mm für jeden Fügepartner.

Wenn möglichst schmale Stege gewünscht werden, ist anzustreben möglichst schnell zu schweißen (> 5 m/min), kleine Fokusdurchmesser zu wählen (100-200 μm) und eine Defokussierung zu vermeiden, um ein hohes Aspektverhältnis von > 2 : 1 zu erzielen.

7.4 Gestaltungsempfehlungen basierend auf den Spezifika der Laseradditiven Fertigung

7.4.1 Bauteilausrichtung

Die optimale Bauteilausrichtung im L-PBF-Prozess wird aufgrund vieler Faktoren, wie der allgemeine Baubarkeit, der Kostenreduktion durch eine geringere Bauhöhe etc., abgewogen. Regeln hierfür sind z. B. von Kranz beschrieben [Kra17]. Im Kontext der Schweißeignung kommen zwei weitere Aspekte hinzu. Gemäß Regel 18 in Abbildung 7-19 ist es sinnvoll, die Ausrichtung so zu wählen, dass Supportstrukturen an den Stoßkanten vermieden werden. Im vorherigen Abschnitt 7.3.4 wurde aufgezeigt, dass eine gründliche Entfernung der Supportstrukturen und eine anschließende Glättung an den Fügestellen unverzichtbar sind. Dieser manuelle Aufwand kann durch eine geschickte Bauteilausrichtung reduziert werden, indem die Supportstrukturen auf unkritische Oberflächen verlagert werden, an denen die Anforderungen an die Nacharbeit geringer sind.

Struktur		Nr.	ungünstig	günstig	Erklärung
Bauteilausrichtung	Supports	18			• geeignete Orientierung zur Vermeidung von Supports an der Schnittstelle • Hinweis: Diese Regel ist im Kontext weiterer Aspekte wie Wirtschaftlichkeit, allgemeine Baubarkeit etc. aus bestehenden L-PBF-Designrichtlinien abzuwägen
	Erodieren	19	Stoßkante	Stoßkante	• Trennen von der Bauplattform durch Drahterodieren erzeugt gerade Kanten. Diese können als präzise Schweißstöße dienen.

Abbildung 7-19: Gestaltungsregel 18 & 19 - Bauteilausrichtung

Die Gestaltungsregel 19 bietet im optimalen Fall die Möglichkeit, das ohnehin notwendige Abtrennen von der Bauplatte mit der Schweißnahtvorbereitung zu kombinieren. Das Abtrennen erfolgt häufig mittels hochpräzisen Drahterodierens oder einer Präzisionsbandsäge und kann so automatisch die geforderte Genauigkeit und Oberflächengüte für den Fügeprozess herstellen.

7.4.2 Verzugsreduktion

Die Verzugsreduktion ist bei Schweißbaugruppen von besonderer Bedeutung. Aluminiumbauteile neigen im Vergleich zu Titan- oder Stahlapplikationen zu einer geringeren Bildung von Eigenspannung und folglich Bauteilverzügen, dennoch sind sie nicht gänzlich ausgeschlossen und verhindern ggf. die korrekte Positionierung für den Fügeprozess, die Nutzung der selbstzentrierenden Gestaltungen gemäß Regel 16 oder bauteilintegrierte Spannlösungen wie in Gestaltungsregel 12. Zudem addieren sich die verzugsbedingten Bauteilverformungen zu den Oberflächenrauigkeiten und verhindern so ggf. die Einhaltung der maximalen Fügetoleranzen gemäß Tabelle 7-2, sodass eine ergänzende Nacharbeit erforderlich wird. Folglich ist es anzustreben, Bauteilverzüge bestmöglich zu reduzieren. Hierfür bieten sich gemäß Regel 20 in Abbildung 7-20 die Vorwärmung der Baukammer oder gemäß Regel 21 das anschließende Spannungsarmglühen an. Zu bevorzugen ist bei Aluminiumbauteilen die Vorwärmung der Baukammer, da dies in der Regel einen ausreichenden Effekt zur Eigenspannungsreduktion hat, keine zusätzlichen Prozessschritte erfordert und wie in Abschnitt 6.4 aufgezeigt, zudem durch die damit verbundene Feuchtigkeitsreduktion einen positiven Effekt auf die Schweißeignung des Materials hat.

Struktur		Nr.	ungünstig	günstig	Erklärung
Verzugsreduktion	Vorwärmtemperatur	20	T_{vor} ↓	T_{Vor} ↑	• Erhöhung der Vorwärmtemperatur zur Reduzierung von Eigenspannungen • Reduktion der Fügespalte durch verringerten Bauteilverzug • Reduktion der Nahtporosität durch Pulvertrocknung
	Wärmebehandlung	21			• Wärmebehandlung zum Abbau von Eigenspannungen nutzen • Reduktion der Fügespalte durch verringerten Bauteilverzug • Vermeidung der Wärmebehandlung durch geeignete Vorwärmtemperatur prüfen; siehe Regel 20

Abbildung 7-20: Gestaltungsregel 20 & 21 - Verzugsreduktion

8 Validierung

Die Validierung untergliedert sich in drei Abschnitte. Zunächst werden die Einzelergebnisse der Wasserstoffminimierung im L-PBF-Material mit einer optimierten Schweißprozessführung an Probekörpern zusammengeführt und daraus die mechanisch-technologischen Eigenschaften ermittelt sowie die Nahtqualität mit den Anforderungen aus der relevanten Norm DIN 13919-2 abgeglichen. Im zweiten Abschnitt werden die Ergebnisse an einer Demonstratorbaugruppe zusammengeführt und so auch die konstruktiven Aspekte mit einbezogen. Final erfolgt eine Betrachtung der Wirtschaftlichkeit der Ergebnisse dieser Arbeit.

8.1 Zusammenführung der Einzelmaßnahmen

8.1.1 Probenherstellung mit optimierter Prozessführung

Die geschweißten L-PBF-Proben für die mechanisch-technologische Validierung werden aufbauend auf folgenden Optimierungsergebnissen hergestellt:

- Verwendung von Neupulver (vgl. Kapitel 6.2)

- Verwendung der Bauraumheizung im L-PBF-Prozess (vgl. Kapitel 6.4)

- Verwendung des Ring-Mode-Lasers (vgl. Kapitel 5.6)

- Verwendung der optimierten Laserschweißparameter (vgl. Abbildung 5-23)

Das bedeutet, dass frisches Pulver, direkt aus dem verplombten Pulverfass des Pulverherstellers, in der EOS M290 L-PBF-Maschine genutzt wird. Die L-PBF-Prozessführung erfolgt mit den Parametern aus Tabelle 3-1 und 200 °C-Bauplattenheizung. So wird gemäß Kapitel 6.2 und 6.4 eine minimale Wasserstoffbelastung der zu schweißenden Proben erzielt. Es werden zunächst quadratische Platten gedruckt, die anschließend geschweißt und dann mittels Drahterodieren auf das Probenmaß zugeschnitten werden. Das Rohmaß der Proben ist 3 mm x 42 mm x 80 mm, sodass sich eine verschweißte Geometrie von 3 mm x 42 mm x 160 mm ergibt. Hieraus werden gemäß der DIN EN ISO 4136 „Zerstörende Prüfung von Schweißverbindungen an metallischen Werkstoffen – Querzugversuch" mittels Drahterodieren Proben gemäß den in Abbildung 8-1 rechts dargestellten Prüfmaßen hergestellt [DIN20]. Die Zugproben werden in einem gemischten Baujob auf der langen Seite stehend gedruckt. Es werden dabei die zu schweißenden halben Rohlinge sowie für Referenzmessungen Rohlinge in voller Probenlänge gedruckt.

© Der/die Autor(en), exklusiv lizenziert an
Springer-Verlag GmbH, DE, ein Teil von Springer Nature 2024
F. Beckmann, *Laserschweißbarkeit von laseradditiv gefertigten Aluminiumbauteilen*,
Light Engineering für die Praxis, https://doi.org/10.1007/978-3-662-69528-9_8

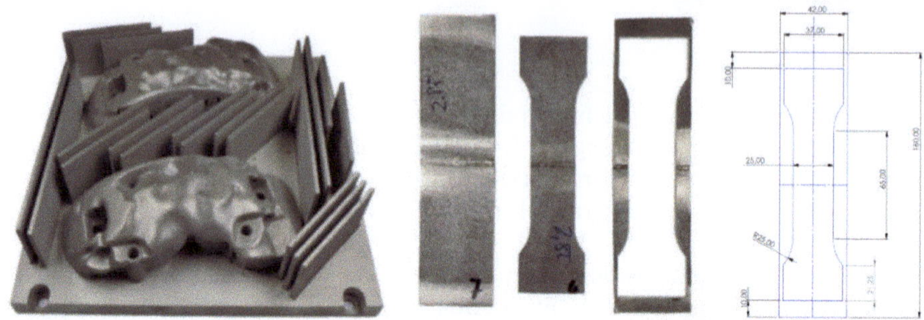

Abbildung 8-1: Herstellung der Zugproben: Druck der Fügepartner im gemischten Baujob (links), Erodieren der gefügten Proben (mitte) und Probenmaße (rechts)

Das Laserstrahlschweißen der Zugproben erfolgt gemäß den Optimierungen aus Abschnitt 5.6 mittels Ring-Mode-Laser mit der bekannten Ring-Mode-Laser-Systemtechnik aus Tabelle 3-2 sowie den Laserschweißparametern aus Tabelle 5-5. Gemäß den Erkenntnissen aus den vorherigen Untersuchungen wird mit 3 m/min Vorschub und der Laserstrahlleistung ausschließlich im Ring geschweißt.

8.1.2 Geometrische Nahtqualität und Porosität

Die final optimierten Schweißnähte am L-PBF-Material zeigen eine deutlich minimierte Porosität gegenüber Nähten ohne besondere Maßnahmen. Es bildet sich gemäß Tabelle 8-1 im Quer- und auch Längsschliff eine überwiegend fein verteilte Porosität. Lediglich in einem von zehn Querschliffen ist eine größere Pore mit einem Durchmesser von knapp 400 µm vorhanden. Im Längsschliff zeigt sich eine große Pore mit 966 µm Durchmesser. Im Durchschnitt von zehn Querschliffen liegt die Nahtporosität gemäß Abbildung 8-2 bei 2,19 %, mit einem Minimalwert von 1,03 % sowie maximal 5,01 %. Derart niedrige Werte konnten in keiner der bisherigen Versuchsreihen mit einzelnen Maßnahmen erzielt werden. Es konnte somit gezeigt werden, dass die Kombination der Maßnahmen zu einer höheren Reduktion der Porosität führt als mittels Einzelmaßnahmen möglich.

Tabelle 8-1: Schliffbilder der Validierungsversuche

Querschliff	Längsschliff
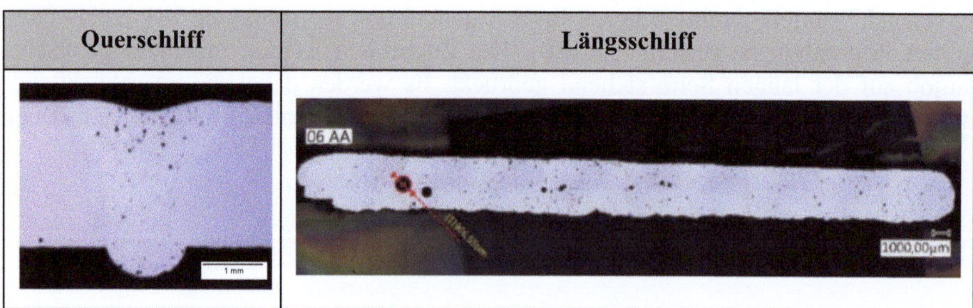	

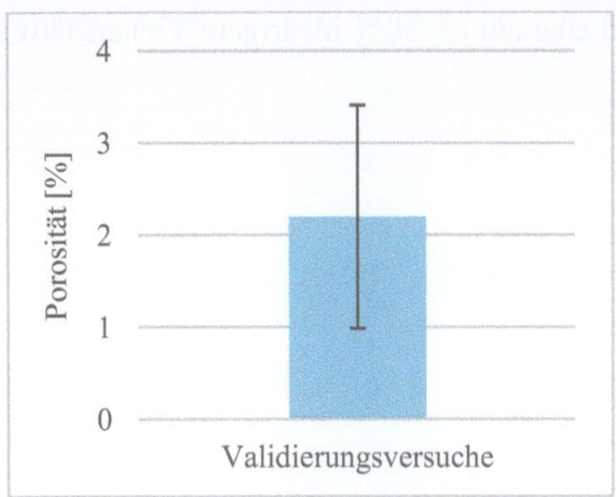

Abbildung 8-2: Prozentuale Nahtporosität der Validierungsversuche

Weiterhin werden in den Schliffbildern die relevanten geometrischen Qualitätskriterien der Naht vermessen und in Tabelle 8-2 mit den Anforderungen der geltenden Norm DIN EN ISO 13919-2 gegenübergestellt. Es kann gezeigt werden, dass das Ziel der Arbeit, normgerechte Schweißnähte zu erzeugen erreicht wurde. Die Norm beinhaltet drei Bewertungsgruppen (D–B), von denen die mittlere (C) von allen Proben erfüllt wurde.

Tabelle 8-2: Bewertung der Schweißnähte der Validierungsversuche (3 mm Blechdicke) anhand relevanter Kriterien der DIN EN ISO 13919-2: Elektronen- und Laserstrahl-Schweißverbindungen - Anforderungen und Empfehlungen für Bewertungsgruppen für Unregelmäßigkeiten [DIN21]

Kriterium	Maximalwert Validierungs- versuche	Bewertungsgruppe		
		D	C	B
Risse	Nicht vorhanden	Nicht zulässig	Nicht zulässig	Nicht zulässig
Decklagenunterwölbung	$\leq 0{,}57$ mm	$\leq 0{,}9$ mm	$\leq 0{,}6$ mm	$\leq 0{,}3$ mm
Wurzelüberhöhung	$\leq 0{,}90$ mm	$\leq 1{,}6$ mm	$\leq 1{,}3$ mm	≤ 1 mm
Größtmaß für eine Einzelpore	$\leq 0{,}97$ mm	$\leq 1{,}5$ mm	$\leq 1{,}2$ mm	$\leq 0{,}9$ mm
Aufsummierung der projizierten Porenfläche	$\leq 5{,}01\,\%$	$\leq 10\,\%$	$\leq 6\,\%$	$\leq 3\,\%$

8.1.3 Härte und mechanische Festigkeit

Abbildung 8-3 zeigt den Härteverlauf der geschweißten Probe gemessen über einen Querschliff der Naht. Erwartungsgemäß nimmt die Härte nach Vickers im Bereich der Schweißnaht sowie der angrenzenden Wärmeeinflusszone gegenüber dem Grundmaterial ab. Das Grundmaterial erfährt im L-PBF-Prozess eine extrem schnelle Erstarrung und bildet somit ein feinkörniges und folglich hartes Gefüge aus. Beim Laserstrahlschweißen erfolgt die Erstarrung deutlich langsamer, sodass sich größere Körner ausbilden und sich die Härte entsprechend eine um ca. 30 % niedrigere Vickershärte als im Grundwerkstoff ausprägt.

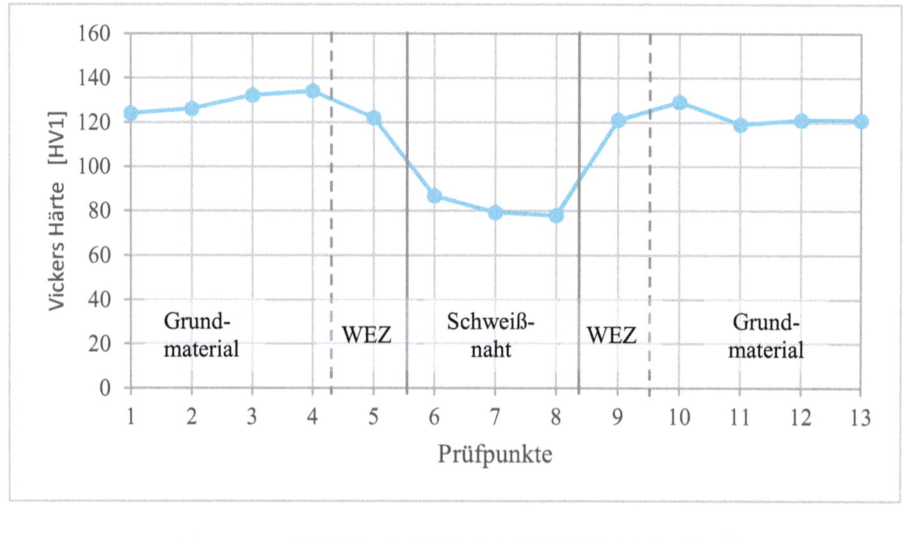

Abbildung 8-3: Härteverlauf über den Querschliff einer laserstrahlgeschweißten L-PBF-Probe (oben); Darstellung der Messpunkte im Querschliff (unten)

Tabelle 8-3 sowie das Spannungs-Dehnungs-Diagramm in Abbildung 8-4 zeigen die mechanischen Kennwerte von den geschweißten L-PBF-Proben im Vergleich zum ungeschweißten Material sowie in der Gegenüberstellung zu den Anforderungen aus der DIN EN 1706 für Gussstücke der Legierung [DIN20]. Alle Schweißnähte haben in der Naht und nicht im Grundmaterial versagt. Es zeigt sich, dass die Dehngrenze nur unwesentlich gegenüber den ungeschweißten Proben abfällt und die erreichten Werte deutlich über den Anforderungen der Norm liegen. Auffällig ist hingegen, dass die geschweißten Proben unmittelbar nach Erreichen der Dehngrenze versagen und folglich Zugfestigkeit und Dehngrenze nahezu identisch sind sowie nur eine sehr geringe Bruchdehnung vorliegt. Beim nicht geschweißten Material findet hingegen eine weitere Lastaufnahme und Verformung statt, sodass die Zugfestigkeit mit ≥ 365 MPa und Bruchdehnung mit $> 5\,\%$ deutlich höher liegen. Zu beachten ist dabei, dass die L-PBF-Proben weder nach der additiven Fertigung noch nach dem Schweißen wärmebehandelt wurden. Hierüber ließe sich die Bruchdehnung steigern [Lut23].

Tabelle 8-3: Mechanische Eigenschaften der L-PBF-Bauteile ungeschweißt und geschweißt sowie im Vergleich zur DIN-Norm [DIN20]

Probe	Dehngrenze Rp0,2 [MPa]	Zugfestigkeit R_m [MPa]	Bruchdehnung A [%]
Grundmaterial 1	229	369	5,1
Grundmaterial 2	224	365	5,8
Grundmaterial 3	229	366	5,3
Geschweißt 1	190	190	0,2
Geschweißt 2	216	220	0,3
Geschweißt 3	211	216	0,2
Anforderungen gemäß DIN EN 1706	80	150	2

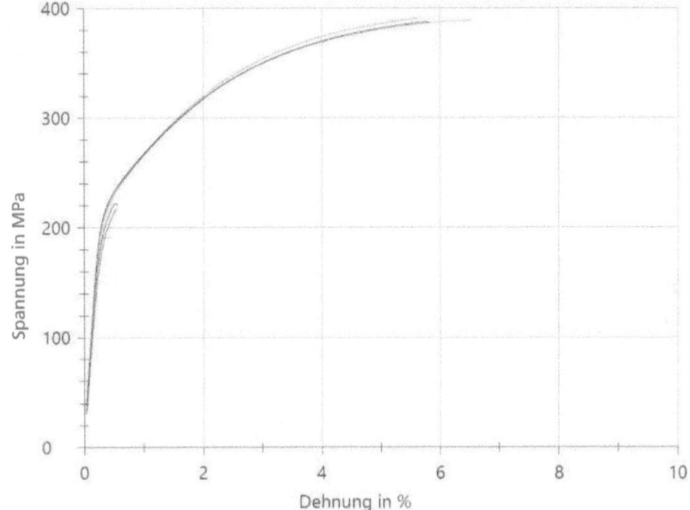

Abbildung 8-4: Spannungs-Dehnungs-Diagramm zur Gegenüberstellung der mechanischen Eigenschaften von geschweißten (Versagen im Bereich 200 MPa) und ungeschweißten Aluminium-L-PBF-Proben (Versagen im Bereich 380 MPa²)

8.2 Validierung an einer Beispielbaugruppe

Die Validierung der Forschungsergebnisse erfolgt zudem anhand einer mechanisch belasteten Funktionsbaugruppe, die die Vorteile der additiven Fertigung wie die geometrische Flexibilität, die Möglichkeit der Funktionsintegration sowie ein großes Leichtbaupotential mit den Vorteilen der konventionellen Fertigung durch die Nutzung kostengünstiger Extrusionsprofile vereint. Als Demonstratorbaugruppe dient der sogenannte

NextGen Spaceframe 2.0, entwickelt im Rahmen eines Gemeinschaftsprojektes mit den Kooperationspartnern EDAG, Constellium, Siemens Industry Software, BLM, Concept Laser und dem Fraunhofer IAPT. Ziel des Projektes ist die Realisierung einer ultraleichten und werkzeugarm gefertigten Aluminium-Vorderwagenstruktur, dargestellt in Abbildung 8-5.

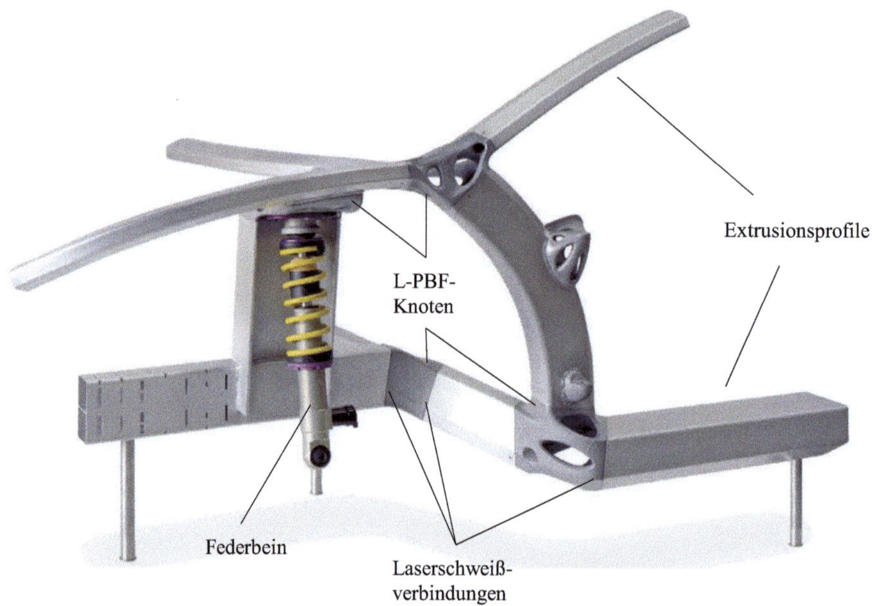

Abbildung 8-5: Demonstratorbaugruppe NextGen Spaceframe 2.0 – hybride Vorderwagenstruktur [Hil18]

Mit Hilfe dieser hybriden Baugruppe aus laseradditiv gefertigten Verbindungsknoten und klassisch hergestellten und 3-dimensional umgeformten Extrusionsprofilen wird die klassische werkzeugintensive Bauweise als Kombination von Strangpressprofilen und Gussknoten ersetzt und so eine Möglichkeit geschaffen maximalen Leichtbau zu betreiben. Mit dieser neuartigen Spaceframestruktur kann bei kleinen und mittleren Stückzahlen flexibel und wirtschaftlich auf neue Antriebskonzepte und Laststufen reagiert werden. Die Gesamtziele und Ergebnisse werden in verschiedenen Veröffentlichungen dargestellt [z. B. Add19, Bec17, Bec18; Hil18]. Im Folgenden wird der Fokus der Betrachtung auf die Laserschweißtechnik als eine der eingesetzten Verbindungstechniken sowie deren prozessgerechte Bauteilgestaltung gelegt.

8.2.1 Laserschweißgerechte Konstruktion

Hybride Gestaltung

Die Gesamtkonstruktion besteht aus vier topologieoptimierten und additiv gefertigten Verbindungsknoten, die die Schnittstellen zu den ebenfalls topologie- und wandstärkenoptimierten Extrusionsprofilen darstellen. Weiterhin sind zwei additiv gefertigte Anschraubpunkte für die Türscharniere Teil der Baugruppe. Die Aufteilung in additiven und konventionellen Baugruppenanteilen erfolgt dabei gemäß Gestaltungsregel 1 des Konstruktionskataloges. Somit beschränken sich die laseradditiv gefertigten Bauteile auf die Strukturelemente, die topologisch optimiert zum maximalen Leichtbau beitragen sowie die geometrische Flexibilität der Gesamtbaugruppe erzeugen. Durch einfache Änderungen an diesen Knoten, z. B. die Ausrichtung der Schnittstellen, kann die Geometrie der Gesamtstruktur an andere Bauraumkonzepte bei Fahrzeugderivaten angepasst werden. Für Strukturanteile, die einfach geformt sind und insbesondere zur Überbrückung großer Distanzen zwischen den Verbindungspunkten dienen, werden die Extrusionsprofile genutzt, die kostengünstig herzustellen sind. Es ergibt sich somit der beste Kompromiss aus Leichtbau und Flexibilität sowie den wirtschaftlichen Anforderungen an die Gesamtbaugruppe.

Gestaltungsregel 2, die Vermeidung von Teilevielfalt und Schnittstellen durch Integralbauweise, wird am oberen Dämpferbeinknoten umgesetzt, der in Abbildung 8-6 links dargestellt ist. Dieses additiv gefertigte Bauteil verbindet drei Profile und dient zudem im Rahmen der Funktionsintegration als Anschraubpunkt für die Dämpferaufnahme. Weiterhin sieht man an dem Bauteil die topologieoptimierte Gestaltung, die dem Leichtbauaspekt gemäß Gestaltungsregel 4 folgt.

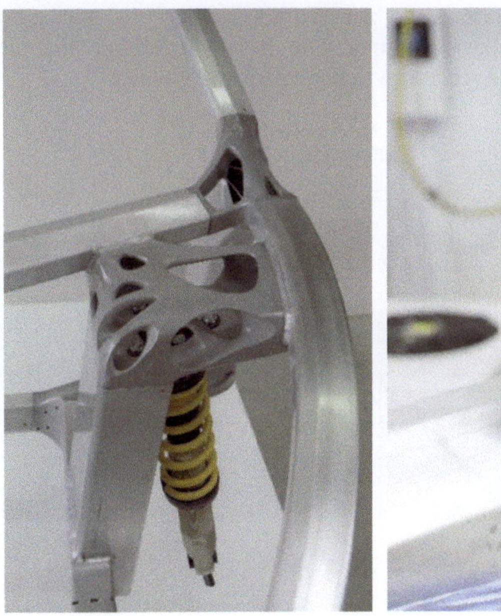

Abbildung 8-6: Topologieoptimierter und integral gestalteter Dämpferbeindom (links), Einhaltung von Zugänglichkeit und Einstrahlwinkel des Lasers (rechts)

Auswahl der Laserschweißverbindungen

Nicht alle Fügestellen der Baugruppe sind für das Laserstrahlschweißen ausgelegt. Zur Auswahl der geeigneten Fügemethoden erfolgt eine Gesamtbetrachtung der Vorderwagenstruktur und Berücksichtigung von Fügefolge, dem Gesamtfahrzeugtoleranzkonzept und der Zugänglichkeit der Fügestellen. Infolgedessen kommt das Laserstrahlschweißen in verschiedenen geeigneten Unterschweißbaugruppen zum Einsatz, um dort die Vorteile dieser gut automatisierbaren und verzugsarmen Fügetechnik zu nutzen. Als weitere Fügeverfahren werden das Kleben sowie das WIG-Schweißen bei Verbindungen eingesetzt, bei denen die Einhaltung der maximal zulässigen Spalttoleranzen von 0,2 mm gemäß Tabelle 7-2 nicht sichergestellt werden kann. Bei diesen Schnittstellen kommt es durch die Addition von Toleranzen einzelner Bauteile innerhalb der Toleranzkette der Gesamtbaugruppe zu einer möglichen Überschreitung des Grenzwerts. Bei der Festlegung der Laserschweißverbindungen wurden zudem die Gestaltungsregeln 8 und 9 berücksichtigt und die Zugänglichkeit für den Bearbeitungskopf inkl. Roboter und Schutzgaszufuhr geprüft und bestätigt. Es kann jeweils im optimalen Winkel von 8–10° geschweißt werden. Abbildung 8-6 rechts zeigt diese gut zugängliche Nahtgestaltung.

Laserschweißgerechte Gestaltung der Bauteile und Schnittstellen

Bei der Gestaltung der Schnittstellen wurde der Fokus auf die notwendige Toleranzbeherrschung gelegt. Hierfür wird das Extrusionsprofil über eine im Knoten integrierte Positionierhilfe geschoben und so gemäß Gestaltungsregel 16 eine Selbstzentrierung erreicht. Durch das präzise, winkelkorrekte Ablängen der Profile sowie das Aufschieben entlang der Profilachse ergibt sich ein toleranzarmer Schweißstoß. Es entsteht ein umlaufender Stumpfstoß, der als I-Naht geschweißt wird und eine optimale Kraftübertragung ermöglicht. Die Positionierung orthogonal zur Profillängsachse (x- und y-Richtung) erfolgt über die selbstzentrierende Gestaltung. Die I-Nahtausführung toleriert dabei mögliche Zehntelmillimeter Höhenversatz zwischen Profil und Knoten.

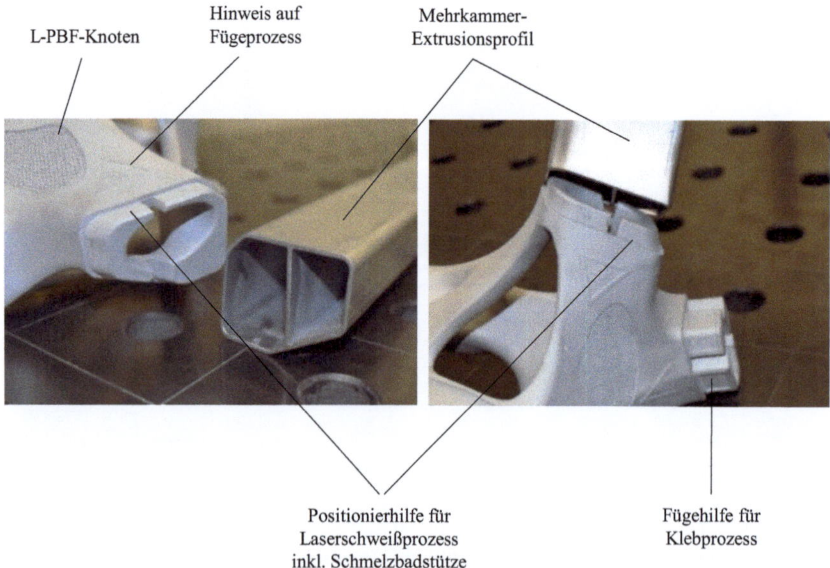

Abbildung 8-7: selbstzentrierende und laserschweißgerechte Schnittstellengestaltung

Die im Knoten integrierte Positionierhilfe gemäß Abbildung 8-7 dient gleichzeitig als integrierte Schmelzbadstütze (Gestaltungsregel 14) und verhindert ohne Zusatzaufwand ein Weglaufen der niedrigviskosen Aluminiumschmelze. Ebenso reduziert diese den Spannaufwand, da nur ein Spannen in Profillängsrichtung (z-Richtung) erforderlich ist.

8.2.2 Fertigung der L-PBF-Bauteile

Die Fertigung der Knoten erfolgt teilweise auf der EOS M290 L-PBF-Anlage des Fraunhofer IAPT sowie ergänzend auf größeren Anlagen beim Projektpartner. Die Positionierung der Bauteile innerhalb der additiven Fertigungsanlage erfolgt hierbei vor allem mit dem Ziel einer optimierten Auslastung der Maschine sowie der Minimierung der Supportstrukturen, wie es z. B. von Kranz empfohlen wird [Kra17]. Hieraus folgt eine Reduktion der Fertigungskosten. Gebaut werden die Bauteile im Fraunhofer IAPT mit einer Bauraumvorwärmung von 200 °C, um gemäß Gestaltungsregel 20 die Bauteilverzüge zu minimieren und durch die erhöhte Pulver- und Prozesstemperatur eine Reduktion des Wasserstoffs im Bauteil gemäß Kapitel 6.4 zu erzielen. Weiterhin wird Neupulver direkt aus dem verplombten Pulverfass genutzt und so zusammen mit der Bauraumheizung der minimale Feuchtigkeitseintrag ins Bauteil gewährleistet. Bei den extern gefertigten Bauteilen kann hierauf kein Einfluss genommen werden, was jedoch dem typischen Alltag der industriellen Anwendung entspricht. In diesem Fall muss der Porenbildung durch eine optimierte Schweißprozessführung begegnet werden. Kritische Bauteilverzüge zeigen sich weder bei den intern noch den extern gefertigten Bauteilen.

8.2.3 Laserschweißprozessführung

Da die L-PBF-Bauteile teilweise beim Projektpartner hergestellt wurden, besteht keine Einflussmöglichkeit auf die Pulverqualität sowie die L-PBF-Prozessführung. Es ist dadurch mit einer typischen erhöhten Wasserstoffbelastung in diesen Bauteilen zu rechnen. Somit wird sowohl bei diesen als auch den intern gefertigten Bauteilen auf eine angepasste Schweißprozessführung geachtet. Hierfür wird mit dem Einzelfokussystem gemäß Tabelle 3-2 gefügt und der Ansatz der versetzten Strahlpositionierung aus Abschnitt 5.7 genutzt. Der Laserfußpunkt wird dabei ca. 0,3 mm neben dem Schweißstoß auf das Extrusionsmaterial positioniert. Aufgrund der kurzen Nahtlängen und der eingeschränkten Roboterdynamik wird eine moderate Schweißgeschwindigkeit von 3 m/min gewählt. Zudem wird eine geringe Laserstrahlleistung von 2,25 kW genutzt, um die Schweißnaht nur exakt so tief auszuführen wie nötig, um eine vollständige Anbindung zu erreichen. Dies verfolgt das Ziel, die Menge des geschmolzenen L-PBF-Materials im Vergleich zu einer Ausführung mit Leistungsüberschuss gering zu halten. Das Schliffbild in Abbildung 8-8 zeigt die nahezu porenfreie Naht. Die schwarzen Bereiche sind in diesem Fall keine Poren, sondern geometrisch bedingte Bereiche ohne Anbindung.

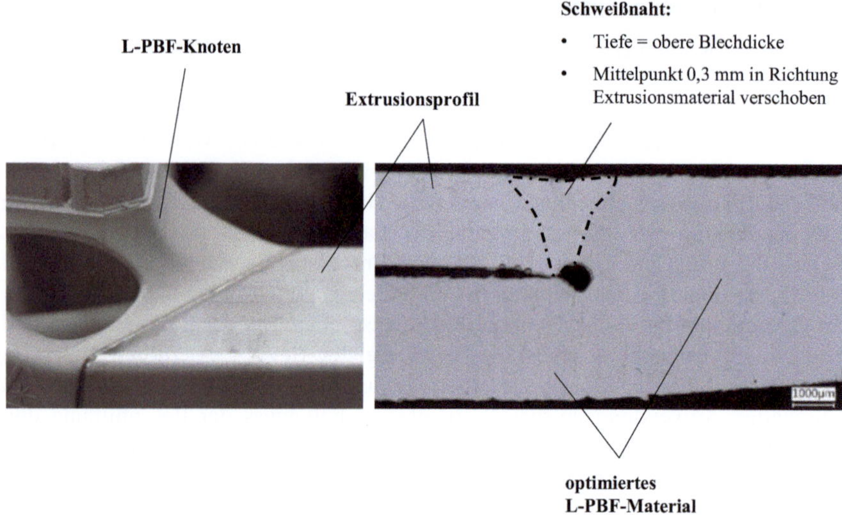

Abbildung 8-8: Laserschweißnaht an hybrider Verbindung: Außenansicht (links) und Schliffbild (rechts)

Zum Vergleich wird in Abbildung 8-9 eine Naht aus Vorversuchen an der identischen Geometrie gegenübergestellt, bei der weder das Material noch die Schweißprozessführung optimiert wurde. Man sieht die deutliche Porosität im Bereich des aufgeschmolzenen L-PBF-Materials, die in Richtung des extrudierten Profils sukzessive geringer wird. Die Wirksamkeit der Ansätze dieser Arbeit ist somit belegt.

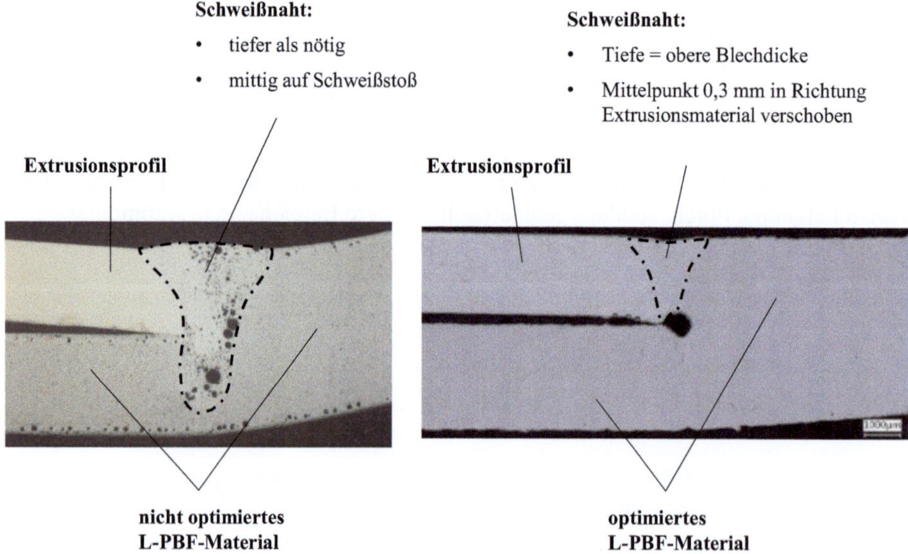

Abbildung 8-9: Gegenüberstellung der Schliffbilder der gleichen Bauteilkonfiguration: Material und Schweißprozess nicht optimiert (links) und Bauteil aus Neupulver mit angepasster Schweißstrategie (rechts)

8.2.4 Nahtfestigkeit im Crashversuch

Vom Projektpartner EDAG wurden Fallturmversuche durchgeführt, um die gesamte Baugruppe unter industriellen Randbedingungen zu validieren. Dabei zeigt sich die Integrität der Laserschweißnähte bei allen drei getesteten Probekörpern. Hochgeschwindigkeitsaufnahmen zeigen, dass sich sowohl der additiv gefertigte Knoten als auch die Laserschweißverbindung elastisch verformen, jedoch unbeschadet in ihre Ausgangsform zurückkehren. Die plastische Verformung erfolgt, wie in Abbildung 8-10 dargestellt, ausschließlich im dafür ausgelegten Extrusionsprofil.

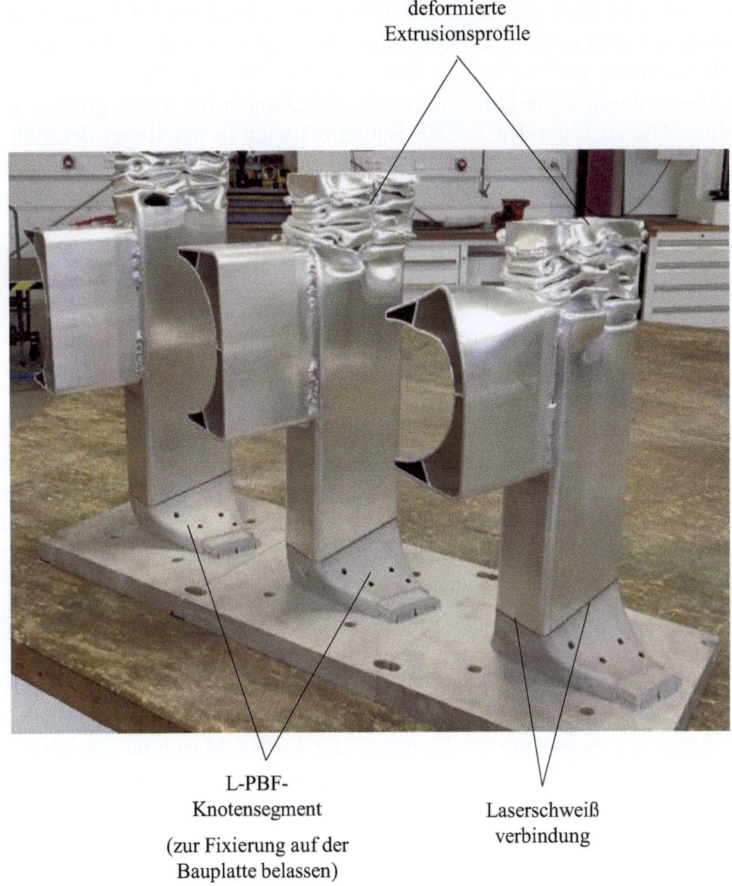

Abbildung 8-10: Laserstrahlgeschweißte Bauteile nach dem Fallturmtest – Nachweis der Integrität von L-PBF-Bauteil und Laserschweißnaht

8.3 Wirtschaftliche Potentiale

Die wirtschaftlichen Potentiale der Ergebnisse dieser Arbeit für die Anwendung in der industriellen Praxis ergeben sich aus drei Aspekten, die im Folgenden näher diskutiert werden.

8.3.1 Ausschussvermeidung im Schweißprozess

Der wichtigste Aspekt ist die Befähigung zum norm- und anwendungsgerechten Laserstrahlschweißen von Aluminium-L-PBF-Bauteilen, was vorab nicht sicher möglich war. In den meisten Fällen konnte keine anforderungsgerechte Nahtqualität erreicht werden oder diese wurde zufällig und nicht systematisch erreicht, z. B. wenn unbewusst gerade neues Pulver bei der Herstellung der L-PBF-Bauteile genutzt wurde. Auf Basis dieser Arbeit ist nun eine hohe Prozesssicherheit und darauf aufbauend die „Right-First-Time"-Herstellung der Laserschweißverbindungen möglich. Aus wirtschaftlicher Sicht ergibt sich zwar keine Produktivitätssteigerung im eigentlichen Schweißprozess, da dieser weder schneller wird noch günstigeres Equipment eingesetzt wird. Stattdessen resultiert eine Ersparnis aus dem reduzierten Qualitätssicherungsaufwand, da durch die gesteigerte Prozessstabilität keine 100 %-Prüfung mehr erforderlich ist. Insbesondere das Vermeiden des Ausschusses durch fehlerhafte Schweißverbindungen hat einen großen wirtschaftlichen Einfluss. Die zu fügenden L-PBF-Bauteile kosten in der Regel deutlich über hundert, ggf. auch über tausend Euro. Eine Nachbesserung nach einem gescheiterten Schweißprozess ist nicht immer möglich, sodass die hohe Prozesssicherheit beim Laserstrahlschweißen hohe Ausschusskosten vermeidet.

8.3.2 Ermöglichen wirtschaftlicher Bauweisen

Auf Basis der vorgenannten Prozessbeherrschung ergibt sich die Möglichkeit gänzlich neuer Bauweisen. Im Fall der hybriden Bauweise wird ein L-PBF-Bauteil mit einem konventionell gefertigten Bauteil kombiniert und so die optimale Kombination aus Wirtschaftlichkeit und Funktionserfüllung ermöglicht. Das verhältnismäßig teure L-PBF-Bauteil wird dabei auf den Bereich reduziert, in dem die funktionalen Vorteile oder Leichtbaupotentiale dieses Herstellungsverfahrens zum Tragen kommen. Geometrisch einfache Bereiche werden durch kostengünstige Halbzeuge wie z. B. Profile, Blechteile oder einfache Frästeile ausgeführt und sind damit deutlich günstiger als in L-PBF-Bauweise.

Auch durch das Fügen von zwei oder mehr L-PBF-Bauteilen lassen sich ggf. Kosten sparen. Ein großes integrales Bauteil belegt ggf. den gesamten Bauraum einer L-PBF-Anlage, obwohl es nur ein geringes Volumen hat. Zerlegt man solch ein sperriges Bauteil in mehrere Segmente, die später gefügt werden, kann man eine deutlich optimierte Verschachtelung der Segmente im Bauraum der L-PBF-Maschine erreichen und damit deutlich mehr Segmente in einem Baujob unterbringen. Die zusätzlichen Fügekosten werden dabei durch die optimierte Auslastung der L-PBF-Maschine überkompensiert.

8.3.3 Reduktion der Positionier- und Spannaufwände

Gemäß vorherigem Abschnitt 8.3.1 wird der Schweißprozess an sich nicht hinsichtlich Produktivität optimiert. Eine signifikante Zeitersparnis kann jedoch in der Vorbereitung des Prozesses erzielt werden, wenn die Gestaltungsrichtlinien des Kataloges aus Kapitel 7 konsequent befolgt werden. Das L-PBF-Verfahren bietet durch seine große geometrische Gestaltungsfreiheit die Möglichkeit, sowohl Positionier- und Zentrierhilfen als auch Spannelemente und Schmelzbadstützen direkt in das Bauteil zu integrieren. Dadurch kann der Rüstaufwand vor dem Schweißen deutlich reduziert werden und auf komplexe externe Vorrichtungen verzichtet werden. Ebenso müssen keine zusätzlichen Schmelzbadstützen platziert und wieder entfernt werden. Bei einer cleveren Gestaltung reicht das korrekte Platzieren an einem Anschlag auf einem Schweißtisch und das einfache Fixieren gegen Verrutschen aus. Ohne diese integrierten Elemente nutzt man bisher bei größeren Stückzahlen komplexe Vorrichtungen, die zuvor entwickelt werden müssen, oder man baut sich bei kleinen Stückzahlen aus modularen Spannsystemen individuelle Spannlösungen. Die Rüstzeitersparnis wirkt sich direkt auf die Anlagenbelegung aus, da diese Vorgänge meist in der Anlage stattfinden, sodass hierdurch eine deutlich höhere Auslastung der Maschine erzielt werden kann.

9 Zusammenfassung und Ausblick

Das Ziel dieser Arbeit war es, ein tiefes Verständnis über das Laserstrahlschweißen von Aluminium-L-PBF-Bauteilen zu erlangen und normgerechte Schweißnähte zu ermöglichen. Im besonderen Fokus stand hierbei das Verständnis und die Beherrschung der auftretenden kritisch hohen Schweißnahtporosität. Diese steht bisher einem industriellen Einsatz schmelzgeschweißter Aluminium-L-PBF-Baugruppen entgegen.

Aufbauend auf der Auswertung des Standes der Technik ist eine detaillierte werkstoffkundliche Analyse des L-PBF-Materials sowie daran erstellter Laserschweißnähte erfolgt, um die Porenursache zu identifizieren. Sowohl die Elementaranalyse als auch die Gefügeauswertungen mittels Auflichtmikroskop, Rasterelektronenmikroskop und EDX-Analyse zeigen keine Auffälligkeiten, die die Nahtporosität erklären. Die chemische Zusammensetzung des Materials entspricht den Anforderungen der Norm und ist vergleichbar mit Gussbauteilen der gleichen Legierung. Das Gefüge der Proben ist im gedruckten Zustand sehr feinkörnig und vergröbert sich im Zuge des Schweißprozesses wie erwartet. Als Ursache der hohen Porosität konnte in der Heißextraktionsanalyse der extrem hohe Wasserstoffgehalt der Bauteile identifiziert werden. Dieser liegt bei 3,5 ppm und damit um Faktor 7,5 höher als in parallel getesteten Gussproben der gleichen Legierung und um mehr als Faktor 10 über dem Grenzwert von 0,3 ppm, den die Literatur für das Erzielen von hochqualitativen Schweißnähten bei Aluminiumbauteilen definiert. Beim Erstarren der Aluminiumschmelze im Laserschweißprozess kommt es zu einem Löslichkeitsabfall des Wasserstoffs in der Schmelze, sodass sich der zuvor atomar im Bauteil gebundene Wasserstoff in Form von H_2 in der Schmelze zu Wasserstoffporen rekombiniert. Der Eintrag des kritischen Wasserstoffs in das L-PBF-Material erfolgt im additiven Schmelzprozess durch die vom Pulver und von der Umgebungsatmosphäre eingebrachte Feuchtigkeit.

Anhand dieses Wissens über die Porenursache erfolgte die Analyse und Optimierung der Schweißbarkeit des Aluminium-L-PBF-Materials. Das Vorgehen orientiert sich dabei gemäß Norm an den drei Disziplinen Schweißeignung (Material), Schweißmöglichkeit (Prozess/Fertigung) und Schweißsicherheit (Konstruktion).

In der Schweißprozessanalyse wurden die verschiedenen Einflüsse auf die Nahtporosität erforscht und diese minimiert. Die Wahl von Argon oder einem speziellen Mischgas aus Argon, Helium und Sauerstoff führt dabei zu einer Reduktion der Schweißnahtporosität. Weiterhin wurden die ausreichende Schutzgasmenge und die präzise laminare und gut abdeckende Zuführung als wichtige Erfolgsfaktoren identifiziert. Beim Schweißen mit klassischem Equipment, also einer Optik mit einem stationären Fokuspunkt, kann über die Schweißgeschwindigkeit Einfluss auf die Nahtporosität genommen werden. Zum einen kann die Schweißgeschwindigkeit so langsam gewählt werden (1 m/min), dass sich ein breites und lange offenes Schmelzbad aufprägt, das den Poren die notwendige Zeit bietet, in der Naht aufzusteigen und anteilig nach oben aus diesem auszugasen. Dem gegenüber steht der gegensätzliche Ansatz, eine sehr hohe Schweißgeschwindigkeit größer 5 m/min und ein schlankes Schmelzbad anzustreben.

© Der/die Autor(en), exklusiv lizenziert an
Springer-Verlag GmbH, DE, ein Teil von Springer Nature 2024
F. Beckmann, *Laserschweißbarkeit von laseradditiv gefertigten Aluminiumbauteilen*,
Light Engineering für die Praxis, https://doi.org/10.1007/978-3-662-69528-9_9

Bei dieser Strategie wird nur wenig wasserstoffreiches Material aufgeschmolzen. Zudem bilden sich ausschließlich kleine Poren, die aufgrund der schnellen Erstarrung keine Zeit haben, sich zu größeren kritischen Poren zu vereinigen. Es zeigte sich kein signifikanter Unterschied in der prozentualen Porenfläche, jedoch in der Porengröße. Diese ist bei hohen Geschwindigkeiten kleiner und ermöglicht es somit, die Grenzwerte der Norm leichter einzuhalten. Weiterhin konnten durch die Nutzung eines Ring-Mode-Lasers porenarme Nähte erzielt werden. Hierbei zeigt die Leistungsanordnung ausschließlich im Ring mit einer „kalten" Strahlmitte deutlich optimierte Ergebnisse gegenüber einer homogenen Leistungsverteilung auf Ring und Kern oder der sonst typischen Leistungsüberhöhung im Strahlzentrum. Für das Laserstrahlschweißen eines laseradditiv gefertigten Bauteils mit einem konventionell gefertigten Bauteil (z.B. Blech, Guss- oder Fräsbauteil), also einer hybriden Verbindung, wurde die Strategie entwickelt, die Fokusposition des Lasers einige Zehntelmillimeter in Richtung konventionelles Material zu verschieben. So besteht die entstehende Schmelze zu einem hohen Anteil aus dem konventionellen Werkstoff und es wird nur ein Mindestmaß des wasserstoffreichen L-PBF-Materials für die Verbindung genutzt. Damit wird die Nahtporosität signifikant reduziert.

Die Möglichkeit, die Nahtporosität über den Schweißprozess zu reduzieren, ist jedoch limitiert, da die Ursache der Wasserstoffporosität im Material liegt. Somit wurden das zu schweißende L-PBF-Material sowie die zu Grunde liegende Prozesskette hinsichtlich Einflüssen auf die Schweißeignung analysiert und optimiert. Es konnte ein signifikanter Einfluss der Pulverqualität nachgewiesen werden. Neues Pulver führt zu einer deutlich reduzierten Nahtporosität gegenüber bereits mehrfach recyceltem Pulver. Grund hierfür ist, dass das Pulver mit jeder Nutzung die Möglichkeit hat, Umgebungsfeuchte aufzunehmen und in den Prozess einzubringen. Um dennoch auch mit recyceltem Pulver eine gute Schweißeignung zu ermöglichen, wurden Trocknungsstrategien hierfür erforscht. Eine Pulvertrocknung im Ofen vor dem L-PBF-Prozess ermöglicht dabei eine Reduktion der Porosität um 35 %. Gänzlich ohne zusätzliche Prozessschritte oder Nebenzeiten lässt sich mittels Bauraumheizung bei 200 °C im L-PBF-Prozess eine Pulvertrocknung und folglich eine Verringerung der Schweißnahtporosität um 33 % erzielen. Ansätze, den Wasserstoff mittels Wasserstoffarmglühen oder Heißisostatischen Pressens aus einem bereits produzierten Bauteil effundieren zu lassen konnten keine Wirkung erzielen und haben zudem durch die hohen Wärmebehandlungstemperaturen die mechanischen Eigenschaften signifikant geschwächt. Neben den vorgenannten Möglichkeiten wurden entlang der gesamten L-PBF-Prozesskette, vom Rohmaterial über den Verdüsungsprozess bis hin zum Pulverrecycling und zum Bauteilfinish, Einflüsse auf die Schweißeignung identifiziert und Handlungsempfehlungen abgeleitet.

Die laseradditive Fertigung bietet völlig neue geometrische Gestaltungsmöglichkeiten. Hieraus ergeben sich Vereinfachungspotentiale, aber auch Herausforderungen, die bei der laserschweißgerechten Gestaltung zu fügender L-PBF-Baugruppen zu berücksichtigen sind. Im Rahmen der Arbeit wurde hierfür ein Konstruktionskatalog erarbeitet, der dem Anwender anhand von 21 Konstruktionsrichtlinien anschaulich aufzeigt, wie entsprechende Baugruppen optimal gestaltet werden. Dieser Katalog ist in die drei Kategorien hybride Gestaltung, laserschweißgerechte Gestaltung und laserschweißoptimierte L-PBF-Prozessführung gegliedert. Die Regeln zur hybriden Gestaltung geben u. a. Hinweise zur wirtschaftlich und technologisch optimalen Auftrennung der Baugruppe. Im Bereich der laserschweißgerechten Gestaltung werden z. B. die Potentiale der geometrischen Gestaltungsfreiheit des L-PBF aufgezeigt, um den Fügeprozess über bauteilinte-grierte Spannsysteme, Positionierhilfen oder Schmelzbadstützen zu vereinfachen. Wei-terhin wurden Erfordernisse an prozessgerechte Nahtverläufe und die Schweißstoßge-staltung ausgearbeitet. Zur Erfüllung dieser Anforderungen muss die geometrische Komplexität der L-PBF-Bauteile lokal eingeschränkt werden. In der Kategorie der laser-schweißoptimierten L-PBF-Prozessführung werden u. a. Hinweise gegeben, wie eine optimale Ausrichtung der Bauteile in der Prozesskammer kritische Supportstrukturen an Schweißstößen vermeidet oder das notwendige Entfernen der Bauteile von der Bauplatte direkt zur Schweißnahtvorbereitung genutzt werden kann.

In den vorgenannten Einzelanalysen des Laserstrahlschweißprozesses, des Werk-stoffs und der Konstruktion konnten verschiedene Strategien erarbeitet werden, um die Laserschweißbarkeit von Aluminium-L-PBF-Bauteilen zu optimieren. Diese wurden im Bereich der Validierung kombiniert und so das volle Potential der Maßnahmen verdeut-licht. Anhand von ganzheitlich optimierten Schweißverbindungen, d. h. der Kombination der Optimierungsansätze von Werkstoff, Schweißprozess und Konstruktion, konnten Nähte mit einer geringen Nahtporosität von im Mittel 2,2 % und einer Dehngrenze von > 190 MPa erzielt werden. Diese Kenngrößen stellen eine signifikante Optimierung ge-genüber den unbehandelten Proben dar. Gleichzeitig konnte die Erfüllung aller geomet-rischer Qualitätskriterien der Schweißnähte nachgewiesen werden. Hiermit wurde das Ziel erreicht, die Kriterien der zur Bewertung der Schweißergebnisse relevanten Norm DIN ISO 13919-2 zu erfüllen. Die Schweißverbindungen genügen der Bewertungsgrup-pe „C". Anhand einer automobilen Demonstratorbaugruppe konnte zudem das gestalteri-sche Potential der hybriden Bauweise sowie deren erfolgreiche schweißtechnische Um-setzung auch über den Probenmaßstab hinaus validiert werden.

Zusammenfassend konnten in dieser Arbeit die notwendigen Erkenntnisse erarbeitet werden, um normgerechten Schweißnähte an Aluminium-L-PBF-Bauteilen herzustellen. Dies ermöglicht die schweißtechnische Integration von L-PBF-Bauteilen in bestehende konventionelle Strukturen und neue wirtschaftliche Hybridbauweisen. Eine erhöhte Wirtschaftlichkeit wird dabei durch die Reduktion der L-PBF-Komponenten auf den funktional notwendigen Bereich, einen minimierten Ausschuss im Schweißprozess so-wie über vereinfachte Spann- und Positionieroperationen erreicht.

Die Ergebnisse dieser Arbeit sind für das Laserstrahlschweißen von Aluminium-L-PBF-Bauteilen ermittelt worden, aber auch auf verschiedene andere Technologien übertragbar. Die erhöhte Porenbildung zeigt sich nicht nur beim Laserstrahlschweißen der L-PBF-Aluminiumbauteile, sondern auch bei allen anderen Schmelzschweißprozes-sen an diesem Material, wie z. B. dem Metall-Schutzgasschweißen oder dem Elektro-nenstrahlschweißen. Hierauf können alle Ansätze der Materialanalyse sowie auch aus-gewählte Aspekte der Schweißprozessanalyse übertragen werden. Weiterhin sind auch viele Richtlinien des Konstruktionskataloges direkt übertragbar oder leicht auf die Schweißverfahren zu adaptieren. Ebenfalls bietet sich eine Übertragung zentraler Ergeb-nisse auf andere pulverbasierte additive Fertigungsprozesse von Aluminiumbauteilen, wie das Pulverauftragschweißen, an. Auch hier entsteht eine hohe Nahtporosität beim Schweißen dieser Bauteile, wenn das Pulver zuvor die Möglichkeit hatte, viel Feuchtig-keit aufzunehmen und in Form von Wasserstoff ins Bauteil einzutragen. Das Laser-schweißverhalten anderer L-PBF-Werkstoffe, wie Stahl, Titan oder Inconel, weist keine Wasserstoffporenproblematik auf und ist allgemein gutmütig. Die Aspekte des Kon-struktionskataloges lassen sich jedoch auch auf diese Werkstoffe übertragen.

Literaturverzeichnis

[Abo14]   Aboulkhair, N.T., Everitt, N., Ascroft, I., Tuck, C., „Reducing porosity in AlSi10Mg parts processed by selective laser melting", Additive Manufacturing 1–4, 2014

[Ada15]   Adam, G., „Systematische Erarbeitung von Konstruktionsregeln für die additiven Fertigungsverfahrenen Lasersintern, Laserschmelzen und Fused Deposition Modeling", Shaker Verlag, Paderborn 2015

[Add19]   Additive Industrie Onlinemagazin; „NextGeneration Spaceframe 2.0", Internetquelle: https://additive.industrie.de/news/nextgeneration-spaceframe-2-0/; Abruf 31.01.2022

[Alt65]   Altenpohl, D., "Aluminium und Aluminiumlegierungen", Springer, Berlin, 1965

[AMP23]   AMPOWER Report, Metal Additive Manufacturing 2023, Hamburg, 2023

[AMP22]   AM Proved, Produktbeschreibung Trocknungsmodul Triclamp DN50 https://www.amproved.com/amproved-produkte1/triclamp-dn-50-trocknungsmodul.html

[APW20]   AP Works GmbH, „Datenblatt Scalmalloy", https://apworks.de/scalmalloy/ Abruf 14.05.2020

[APW16]   AP Works GmbH, „Pressemeldung Light Rider", https://apworks.de/wp-content/uploads/2015/07/APWorks-Press-Release-Light-Rider-presentation_DE1.pdf Abruf 25.05.2020

[Bar05]   Barbakadze, A.,"Untersuchung des Einflusses der Gießparameter auf die Porosität bei Aluminium-Vollformgussteilen", Dissertation der Technischen Universität Bergakademie Freiberg, 2005

[Bec17]   Beckmann, F., Emmelmann, C. „Hybrid LAM Design - A cost effective approach for large scale structures"; Konferenz Inside 3D Printing, Düsseldorf 2017

[Bec18]   Beckmann, F., Hillebrecht, M.; Deisenroth, Feuerstein, M., Herzog, F., Raso, S., "Digital von der Idee zum Qualitätsgesicherten 3D-Druckbauteil am Beispiel des NextGen Spaceframe 2.0" Konferenzbeitrag Werkstoff + Auto, Stuttgart, 2018

[Bec20]   Beckmann, F., "Laser Welding of Additive Manufactured components – Potentials, Challenges and Solutions", Konferenzbeitrag European Automotive Laser Applications (EALA), Bad Nauheim, 2020

[Bei13]   Beiss, P., „Pulvermetallurgische Fertigungstechnik", Springer Vieweg, Aachen 2013

[Bey95]   Beyer, E.: „Schweißen mit Laser: Grundlagen." Springer, Berlin, 1995

[Bey06]   Beyer, E., „ Fiber Laser Application" In: „Lasertechnik – neue Entwicklungen und Anwendungen", DVS Verlag, Düsseldorf, 2006

[Bif19]   Biffi, C.A., Fiocchi, J., Tuissi, A., „Laser Weldability of AlSi10Mg Alloy Produced by Selective Laser Melting: Microstructure and Mechanical Behavior", Journal of Materials Engineering and Performance Volume 28, November 2019

[Bla19]   Blackman, G., "Adjustable laser beam quality improves flexibility in cutting and welding" in "Laser Systems Europe", Issue Winter 2019.

[Bli13]   Bliedtner, J., Müller, H., Barz, A., "Lasermaterialbearbeitung - Grundlagen - Verfahren – Anwendungen - Beispiele", Fachbuchverlag, Leipzig, 2013

[Buc13]   Buchbinder, D., „Selective Laser Melting von Aluminiumlegierungen"; Shaker Verlag, Aachen, 2013

[Coh23]   Coherent, „Wie können Laser die Produktion von Batterien für Elektrofahrzeuge   ankurbeln?" https://www.coherent.com/de/news/blog/laser-emobility-battery, Abruf 19.01.2023

[CSI17]   Projektdarstellung   „3i-Print",   https://www.csi-online.de/de/aktuelles/detail/3i-print-individualisieren-integrieren-innovationen-treiben, Abruf 07.01.2023

[Daw15]   Dawes, J., Bowerman, R., Trepleton, R., "Introduction to the Additive Manufacturing Powder Metallurgy Supply Chain" in Johnson Matthey Technology Review, Volume 59, Number 3, 2015

[Dil00]   Dilthey, U., „Laserstrahlschweißen: Prozesse, Werkstoffe, Fertigung und Prüfung" DVS-Verlag, Düsseldorf, 2000

[Dil05]   Dilthey, U., „Schweißtechnische Fertigungsverfahren – Verhalten der Werkstoffe beim Schweißen", Springer, Berlin, 2005

[Dil06]   Dilthey, U., „Schweißtechnische Fertigungsverfahren - Schweiß und Schneidtechnologien", Springer, Berlin, 2006

[DIN05]   DIN-Fachbericht ISO/TR 581:2007-04: „Schweißbarkeit – Metallische Werkstoffe – Allgemeine Grundlagen", Berlin 2005

[DIN16]   DIN EN ISO 17296-2:2016: „Additive Fertigung – Grundlagen - Teil 2: Überblick über Prozesskategorien und Ausgangswerkstoffe", Berlin, 2016

[DIN20]   DIN EN 1706:2020: „Aluminium und Aluminiumlegierungen – Guss stücke - Chemische Zusammensetzung und mechanische Eigenschaften", Berlin, 2020

[DIN20b]   DIN EN 4136:2020: „Zerstörende Prüfung von Schweißverbindungen an metallischen Werkstoffen – Querzugversuch", Berlin, 2020

[DIN21]   DIN EN ISO 13919-2: Elektronen- und Laserstrahl-Schweißverbindungen – Anforderungen und Empfehlungen für Bewertungsgruppen für Unregelmäßigkeiten – Teil 2: Aluminium, Magnesium und ihre Legierungen und reines Kupfer, Berlin, 2021

[DIN22]   DIN EN ISO/ASTM 52900:2022: „Additive Fertigung – Grundlagen – Terminologie", Berlin, 2022

[Dit16]   Dittrich, D., Standfuß, J., Jahn, A.: „Neuartiges Verfahren zum druckdichten Laserstrahlschweißen von Aluminium aus Atmosphären-Druckguss", Große Schweißtechnische Tagung, Leipzig, 2016

[EDA20]   EDAG AG „Neue crashsichere Aluminium-Legierung für den 3D Druck   entwickelt", https://www.edag.com/fileadmin/user_upload/Group/Unternehmen/Presse/Pressemitteilung/2020/EDAG_Pressetext_17_03_2020.rtf   Abruf 14.05.2020

[Emm11]   Emmelmann, C., Sander, P., Kranz, J., Wycisk, E.,: „Laser Additive Manufacturing and Bionics: Redefining Lightweight Design" Proceedings Laser in Manufacturing, München, 2011

[Emm16]   Emmelmann, C., Beckmann, F.: "Neue Leichtbaukonzepte für den Fahrzeugbau durch Laserfüge- und 3D-Druckverfahren", Große Schweißtechnische Tagung, Leipzig, 2016.

[EOS20]   EOS   GmbH,   „Datenblatt   EOS   M100", https://www.eos.info/03_system-related-assets/system-related-contents/_pdf_system-data-sheets/eos_system_data_sheet_eos_m_100_en.pdf ; Abruf 14.05.2020

[EOS20b]   EOS   GmbH,   „Teileeigenschaften   AlSi10Mg", https://www.eos.info/de/additive-fertigung/3d-druck-metall/eos-metall-werkstoffe-dmls/aluminium-3d-druck; Abruf 15.05.2020

[Fah09]   Fahrenwaldt, H.J., Schuler, V., „Praxiswissen Schweißtechnik: Werkstoffe, Prozesse, Fertigung", Springer, Vieweg + Teubner, Wiesbaden 2009

[Feh23]   Fehrmann Materials GmbH, Produktübersicht High-Performance-Legierungen https://www.fehrmann-materials.com/de/metallpulver; Abruf; 19.05.2023

[Fie18]   Fieger, T., Sattler, F., Witt, G., „Developing laser beam welding parameters for the assembly of steel SLM parts for the automotive industry", Rapid Prototyping Journal, Volume 24, Number 8, 2018

[Fie20]   Fieger, T. „Qualifizierung von großseriengeeigneten Fügeverfahren für Metallbauteile hergestellt durch das Laserstrahlschmelzen (LBM) am Beispiel der Automobilindustrie", Shaker, Düren, 2020

[GE20]   GE Additive; "Datenblatt Concept Laser XLine 2000R"; https://www.ge.com/additive/sites/default/files/2020-04/DMLM_X%20Line_Bro_8_US_EN_v1.pdf; Abruf 14.05.2020

[Geb16]   Gebhardt.A.; „Additive Fertigungsverfahren – Addtitive Manufacturing und 3D Drucken für Prototyping - Tooling – Produktion", Hanser Verlag, München, 2016

[Gei95]   Geiger, M., "Laserschweißgerechte Konstruktion und Fertigung räumlicher Karosseriebauteile", FAT Schriftenreihe Nr. 18, Frankfurt 1995

[Gre05]   Gref, W. „Laserstrahlschweißen von Aluminiumwerkstoffen mit der Fokusmatrixtechnik", Utz Verlag, München, 2005

[Gro99]   Grov, N., „Mechanisiertes Schweißen von Aluminiumdruckguss", Shaker Verlag, Aachen, 1999

[Gru03]   Grupp, M., Seefeld,T., Vollertsen, F., „Laser beam Welding with Scanners" In: „Lasers in Manufactioring 2003", AT Fachverlag, Stuttgart, 2003

[Haf19]   Hafenstein, S., „Heißisostatisches Pressen von Aluminiumgusslegierungen mit integrierter Wärmebehandlung" Springer, Wiesbaden, 2019

[Hil18]   Hillebrecht, M., Gaytan, M., „Industrialisierung der Additiven Fertigung – NextGen Spaceframe 2.0: Bionik, Additive Manufacturing und Aluminium für den flexiblen High-End-Leichtbau" Konferenzbeitrag in „Karosseriebautage Hamburg 2018", Springer Fachmedien, Wiesbaden, 2018

[Hoh03]   Hohenberger, B. „Laserstrahlschweißen mit Nd:YAG-Doppelfokustechnik - Steigerung von Prozessstabilität, Flexibilität und verfügbare Strahlleistung", Utz Verlag, München, 2003

[Hoe20]   Höfemann, M., et al., „Ein niedriglegierter Stahlwerkstoff für die Laseradditive Fertigung – Prozesskette und Eigenschaften" in Konstruktion für die Additive Fertigung 2019, Springer Vieweg, Wiesbaden, 2020

[Hüg14]   Hügel, H.; Graf, T.: "Laser in der Fertigung – Grundlagen der Strahlquellen, Systeme, Fertigungsverfahren.", Springer Vieweg, Wiesbaden, 2014

[Ind21]   Indutherm; Spezifikation Atomizer, Internetquelle: http://www.indutherm.de/produkte/atomiser/ , Abruf 16.10.2021

[Jok19]   Jokisch, T., Marko, A., Gook, S., Üstündag,Ö., Gumenyuk, A., Rethmeier, M., „Laser Welding of SLM-Manufactured Tubes Made of IN625 and IN718", Materials Journal, 12-2019

[Kah13]   Kah, P.; Martikainen, J.; „Influence of shielding gases in the welding of metals" in „The International Journal of Advanced Manufacturing Technology 64", 2013

[Kla18]   Klahn, C.; Meboldt, M., „Entwicklung und Konstruktion für die Additive Fertigung: Grundlagen und Methoden für den Einsatz in industriellen Endkundenprodukten", Vogel Business Media, Würzburg; 2018

[Kli98]   Klinkenberg, F.-J., Wasserstoff und Porosität in Aluminium", Verlag Mainz, Aachen 1998

[Klo07]   Klocke, F., König, W., "Fertigungsverfahren 3: Abtragen, Generieren und Lasermaterialbearbeitung", Springer, Berlin, Heidelberg, New York, 2007

[Kra17]   Kranz, J.; „Methodik und Richtlinien für die Konstruktion von Laseradditiv gefertigten Leichtbaustrukturen", Springer Vieweg, Berlin, 2017

[Kri14]   Krishnan, M., Atzeni, E., Canali, R., Calignano, F., Manfredi, D., Ambrosio, E.P., Iuliano, L., „On the effect of process parameters on properties of AlSi10Mg parts produced by DMLS", Rapid Prototyping Journal Vol.20, 2014

[Kum18]   Kumke, M., „Methodisches Konstruieren von additiv gefertigten Bauteilen", Springer, Wolfsburg, 2018

[Lei04]   Leistner, M.: „Herstellung von Funktionsprototypen und Werkzeugen mit serienidentischen Eigenschaften durch Selective Laser Melting", Forschungszentrum Karlsruhe GmbH, Dresden 2004

[Len09] Lenk, Christian A.: Wasserstoffeinlagerung an Ermüdungsrissen der Aluminiumlegierung 6013 unter korrosiver Umgebung, Rheinischen Friedrich-Wilhelms-Universität Bonn, 2009

[Li16] Li, X.P.; O´Donell, K.M.; Sercombe, T.B." „Selective laser melting of Al-12Si alloy: Enhanced densification via powder drying", Additive Manufacturing Journal, 10.2016

[Lin21] Linde, "Produktbeschreibung Lasgon S2", Onlinequelle: https://www.linde-gas.de/shop/ProductDisplay?storeId=715845184&catalogId=&productId=3074457345617372965&langId=-3#product1, Abruf: 21.10.2021

[Lug10] Polianska, O., „Technologische Erfordernisse beim Aluminium-Dünnwand-Kokillengießen", Magdeburg, 2010

[Lut23] Lutz, A., „Methodische Werkstoff- und Prozessentwicklung für die additive Serienproduktion von automobilen Strukturkomponenten", Springer Vieweg, Berlin, 2023

[Mar20] Mareczek, J., „Grundlagen der Roboter-Manipulatoren – Band 1 - Modellbildung von Kinematik und Dynamik", Springer Vieweg, Berlin, 2020

[Mat96] Matzeit, R.-A., „Laserstrahl- und Elektronenstrahlschweißen: Konstruktive Gestaltung und Auslegung von Bauelementen unter Berücksichtigung verfahrenstechnologischer Aspekte", Shaker Verlag, Aachen, 1966

[Mat06] Matthes, K.-J., Richter, E., "Schweißtechnik – Schweißen von metallischen Konstruktionswerkstoffen", Carl Hanser Verlag, Leipzig, 2006

[Mat16] Matilainen, V.-K., Pekkarinen, J., Salminen, A., „Weldability of additive Manufactured stainless steel", Proceedings Lane Conference, Fürth, 2016

[Mat22] Matrix GmbH, "Prinzipdarstellung pinbasierter Spannsysteme". Internetquelle, https://www.matrix-innovations.de/konzepte/ , Abruf 04.01.2022

[Mei18] Meixlsperger, M., „Anwendungsspezifische Prozessführung des Selective Laser Melting am Beispiel von AlSi-Legierungen im Automobilbau", Shaker Verlag, 2018

[Moh20] Mohammadpour, M., Wang, L., Kong, F., Kovacevic, R., „Adjustable ring mode and single beam fiber lasers: A performance comparison" in Manufacturing Letters, Volume 25, 2020

[Möl20]   Möller, B., Schnabel, K., Wagener, R., Kaufmann, H., Melz, T., „Fatigue assessment of additively manufactured AlSi10Mg laser beam welded to rolled EN AW-6082-T6 sheet metal" in International Journal of Fatigue, Volume 140, 2020.

[Mum14]   Mum, M., „Kosten- und Leistungsrechnung - Internes Rechnungswesen für Industrie und Handelsbetriebe", Springer Gabler, Hamburg, 2014

[Nah15]   Nahmany, M., Stern, A., Aghion, E., Frage, N., „Electron beam welding of AlSi10Mg workpieces produced by selected laser melting additive manufacturing technology", Additive Manufacturing, 8-2015

[Nah17]   Nahmany, M., Rosenthal, I., Benishti, I., Frage, N., Stern, A., „Structural Properties of EB-Welded AlSi10Mg Thin-Walled Pressure Vessels Produced by AM-SLM Technology", Journal of Materials Engineering and Performance, Volume 26, 2017

[Neu09]   Neubert, J., Weilnhammer, G., „Laserstrahlschweißen: Leitfaden für die Praxis", DVS Media GmbH, Düsseldorf, 2009

[Ost98]   Ostermann, F., „Anwendungstechnologie Aluminium", Springer, Berlin, 1998

[Pop05]   Poprawe, R., „Lasertechnik für die Fertigung – Grundlagen, Perspektiven   und Beispiele für den innovativen Ingenieur", Springer-Verlag, Berlin, Heidelberg, New York, 2005

[Reh07]   Rehme, O., „Cellular Design for Laser Freeform Fabrication", Cuvillier Verlag, Göttingen, 2007

[Rug93]   Ruge, J., "Handbuch der Schweißtechnik – Band 2: Verfahren und Fertigung", Springer Verlag, Berlin, Heidelberg, New York, 1993

[Sch02]   Schinzel, C., „Nd:YAG Laserstrahlschweißen von Aluwerkstoffen für Anwendungen im Automobilbau.", Herbert Utz Verlag, Münmchen, 2002

[Sch07]   Schatt, W.,Wieters, K.-P., Kieback, B., „Pulvermetallurgie", Springer, Berlin, 2008

[Sch16]   Schmidt, T., „Potentialbewertung generativer Fertigungsverfahren für Leichtbauteile", Springer Vieweg, Berlin 2016

[Sch20]   Schmidtke, K.; „Qualification of SLM - Additive Manufacturing for Aluminium", Dissertation der Technischen Universität Hamburg, Hamburg, 2020

[Sey18]   Seyda, V., „Werkstoff- und Prozessverhalten von Metallpulvern in der laseradditiven Fertigung"; Springer Vieweg, Berlin, 2018

[SLM20]   SLM Solutions AG, „Datenblatt SLM 800", https://www.slm-solutions.com/fileadmin/user_upload/SLM_R_800_Maschine_DE.pdf, Abruf 14.05.2020

[SLM20b]   SLM Solutions AG, „Metal Powder Brochure", https://www.slm-solu-tons.com/fileadmin/user_upload/Metal_Powder_1912_02_Web.pdf, Abruf 15.05.2020

[SLM20c]   SLM Solutions AG, „3D Metals", https://slm-solutions.us/wp-content/uploads/2018/03/Powder_US_web.pdf, Abruf 15.05.2020

[SLM22]   SLM Solutions AG, „Datenblatt SLM 500", https://www.slm-solutions.com/fileadmin/Content/Machines/SLM_R_500_Web.pdf Abruf 02.02.2022

[Som17]   Sommer, M., Weberpals, J.-P., Müller, S., „Utilization of laser beam oscillation to enhance the process efficiency for deep penetration welding in aluminum" in Journal of Laser Application 29, 2017

[Spi15]   Spiegel, A., Hillebrecht, M,. Emmelmann, C., Beckmann, F. „Hybrides leistungselektronikgehäuse – Wege zum Wirtschaftlichen Einsatz der Laseradditiven Fertigung" in Lightweight Design 05.2015, Springer Vieweg, Wiesbaden, 2015

[Sta13]   Standfuß, Jens. „Abschlussbericht Utilization of laser beam oscillation to enhance the process efficiency for deep penetration welding in aluminum", Forschungsbericht 2013

[Ste06]   Stemmann, J., "Remote Welding with Solid State Lasers", Cuvillier Verlag, Göttingen, 2006

[Tru22]   Trumpf AG, Datenblatt TruPrint 1000" https://www.trumpf.com/de_DE/produkte/maschinen-systeme/additive-fertigungssysteme/truprint-1000/, Abruf 02.02.2022

[Tru23]   Trumpf AG, "Spritzer beim Laserschweißen", https://www.trumpf.com/de_INT/loesungen/anwendungen/laserschweissen/spritzerarmes-schweissen-mit-strahlformungstechnologie/, Abruf 21.01.2023

[VDI19]   VDI-Richtlinie 3405 Blatt 3.2, „Additive Fertigungsverfahren – Gestaltungsempfehlungen, Prüfkörper und Prüfmerkmale für limitierende Geometrieelemente", Düsseldorf, 2019

[VDI82]   VDI-Richtlinie 2222 Blatt 2, „Erstellung und Anwendung von Konstruktionskatalogen", Düsseldorf, 1982

[VDI95]   VDI, „Laser in der Materialbearbeitung, Bd.2, Schweissen mit Festkörperlasern" VDI-Verlag, 1995

[Wan22]   Wang, L., Gao, X, Kong, F., "Keyhole dynamic status and spatter behavior during welding of stainless steel with adjustable-Ring-Mode-Laser beam" in "Journal of Manufacturing Processes" Volume 74, 2022

[Wek21]   Weka Verlag, „Einflussparameter auf das Laserstrahlschweißen" Onlinequelle: https://docplayer.org/12450381-8-einflussparameter-auf-das-laserstrahlschweissen.html, Abruf 20.10.2021

[Web15]   Weberpals, J.-P.; Böhm, D.: „Laser Beam Remote Welding of Aluminium Hang-On Parts", European Automotive Laser Applications, Bad Nauheim, 2015

[Wei15]   Weingarten, C., Buchbinder, D., Pirch, N., Meinners, W., Wissenbach,K., Poprawe, R.,: „Formation and reduction of hydrogen porosity during selective lasermelting of AlSi10Mg", Journal of Materials Processing Technology 221, 2015

[Wel94]   Welsch, F., „Richtlinien zum Laserschweißgerechten Gestalten" in „Laserschweißgerechtes Konstruieren", Fachbuchreihe Schweißtechnik, DVS Verlag, Düsseldorf, 1994

[Win04]   Winkler, R., „Porenbildung beim Laserstrahlschweißen von Aluminiumruckguss", Utz Verlag, München 2004

[Wis21]   Wischeropp, T., „ Advancement of Selective Laser Melting by Laser Beam Shaping", Springer Vieweg, Berlin, 2021

[Wit15]   Wits, W.W., Jauregui Becker, J.M.," Laser beam welding of titanium additive manufactured parts" Proceedings 3rd CIRP Web Conference, 2015

[Woh21]   Wohlers Associates, "Wohlers Report 2021 – 3D Printing and additive Manufacturing – Global State of the Industry", Colorado USA, 2021

[Wyc17]   Wycisk, E.: „Ermüdungseigenschaften der laseradditiv gefertigten Titanlegierung TiAl6V4", Springer, Hamburg, 2017

[You98]   Young, G.A. J. ; Scully, J.R.: The diffusion and trapping of hydrogen in high purity aluminum. In: Acta Materialia 46 (1998), Nr. 18, S. 6337–6349. http://dx.doi.org/10.1016/S1359-6454(98)00333-4. – DOI 10.1016/S1359–6454(98)00333–4. – ISSN 1359–6454

[Zäh 06]   Zäh, M., "Wirtschaftliche Fertigung mit Rapid-Technologien", Hanser Verlag, München, 2006

[Zop95]   Zopf, P., "Bauteilgestaltung für das Schweißen mit Festkörperlaser", Hanser Verlag, München, 1995

Im Rahmen dieser Arbeit sind folgende studentischen Arbeiten entstanden:

Lau, R., „ Erstellung einer Konstruktionsrichtlinie zur Gestaltung artgleich gefügter 3D-Druckbauteile oder der Kombination lasergenerierter und konventionell gefertigter Bauteilsegemente", Projektarbeit, Technische Universität Hamburg-Harburg, 2018

Heilemann, M., „Analyse der Schweißverbindung von Laserstrahl geschweißten Hybridbauteile aus Aluminium", Bachelorarbeit, Technische Universität Hamburg-Harburg, 2014

Wandtke, K., „Untersuchung der Porenbildung beim Laserschweißen von lasergeneriertem Aluminium", Projektarbeit, Technische Universität Hamburg-Harburg, 2016

Wolter, J., „Schweißprozessoptimierung laseradditiv gefertigter Aluminiumbauteile durch Wasserstoffminimierung im Pulver und LAM-Bauteil", Bachelorarbeit, Technische Universität Hamburg-Harburg, 2017

Wranna, H., „Analyse des Einflusses der Kantenvorbereitung lasergenerierter Bauteile auf die Schweißnahtqualität", Bachelorarbeit, Hamburger Fern-Hochschule, 2015

Anhang: Konstruktionskatalog

Struktur			Nr.	ungünstig	günstig	Erklärung
Hybride Gestaltung	Baugruppenaufteilung	Verwendung L-PBF	1			• den L-PBF-Anteil auf den wirtschaftlich sinnvollen Anteil beschränken • nur auf geometrisch komplexe Bereiche anwenden, die bspw. einer Strukturoptimierung entstammen oder koventionell bedingt fertigbar sind • Kompromiss zwischen Regel 1 u. 2 je nach Bauteilgröße: größere Bauteile eher feiner in konventionell und additiv aufteilen
		Integralbauweise	2			• das Prinzip der Integralbauweise nutzen, um die innere Teilevielfalt und Schnittstellenmenge zu reduzieren • Vereinfachung der Füge- und Montagevorgänge sowie Reduzierung von deren Kosten • die Bauraumrestriktionen des L-PBF für die maximale Bauteilgröße beachten • Kompromiss zwischen Regel 1 u. 2 je nach Bauteilgröße: kleinere Bauteile eher integrativ
		Bauraumnutzung	3			• Bauteile so auftrennen, dass sie optimal schachtelbar sind • Maschinen- und Bauraumgröße mit der Bauteilgröße abstimmen • volle Bestückung des Bauraums anstreben
	Allgemeines	Leichtbau	4			Strukturell relevante L-PBF-Bauteile nach den Prinzipien des Leichtbaus gestalten, um Fertigungskosten zu verringern, z.B.: • direkte Krafteinleitung • natürliche Stützwirkung durch Krümmung • Integralbauweise • Materialeinsparung in Bereichen niedriger Belastung
		Konventionelle Fügepartner	5			• Schweißeignung des gewählten Werkstoffs beachten • durch die Wahl von Verfahren bzw. Zukaufteilen eine einfache Prozess- und Wertschöpfungskette anstreben • Gestaltungsrichtlinien der gewählten Verfahren beachten
	mech. Eigenschaften	Festigkeit	6			• Einschränkung der Festigkeit durch Schweißnahtunregelmäßigkeiten, L-PBF-Anisotropie und Oberflächenrauheit in der Auslegung beachten • bei einseitiger Belastung und länglicher Gestalt das Bauteil senkrecht zur Baurichtung orientieren • bei komplexeren Geometrien und Lastsituationen Anisotropie vernachlässigbar
		Eigenspannungen	7			• Eigenspannungen durch L-PBF oder Schweißen können sich mit den Lastspannungen addieren und frühzeitiges Bauteilversagen hervorrufen • Vermeidung von Eigenspannungen z.B. durch Wärmebehandlung, Vorheizung, Vermeidung von Masseanhäufungen

Struktur			Nr.	ungünstig	günstig	Erklärung
Laserstrahlschweißen	Schweißverlauf	Zugänglichkeit	8			• Zugänglichkeit und Schweißfolge der Schnittstelle mit möglichst wenigen • Umspannungen gewährleisten Geometrie von zusätzlichen Elementen am Schweißkopf wie Schutzgas- und Drahtzufuhr beachten
		Nahtverlauf	9			• robotergerechte Naht: möglichst gerade und weite Radien senkrecht zur Einstrahlrichtung • sensorgerecht: Absatz zur automatischen Nahterkennung einbringen • Steppnähte in Betracht ziehen für weniger Wärmeeintrag und Eigenspannungen
		Einschweißtiefe	10			• gleichmäßige Materialdicken bzw. Einschweißtiefen verwenden; ggf. definierte • Dickensprünge Nahtein- und -ausläufe schweißgerecht gestalten
	Spannmöglichkeiten	Spann- & Auflageflächen	11			• Angriffsflächen für externe Spannmittel integrieren • Positionier-/Anschlagfläche vorsehen • temporäre Spannflächen über Supports anbinden
		Bauteilintegrierte Spannlösungen	12			• bauteilintegrierte Spannlösungen vorsehen (Schnappverschlüsse, Bajonettverschlüsse etc.)
	Schmelzbadabstützung	extern	13			• dünnflüssiges Schmelzbad von Aluminium • absichern Austritt und Wurzeldurchhang je nach • Schweißposition vermeiden flexibel anzubringende Glasfasermatte in Betracht ziehen, einfach anwendbar auch bei geometrisch komplexer Stoßkontur
		intern	14			• Absatz als Schmelzbadstütze in die Stoßgestalt einbringen • Nutzung zur Selbstzentrierung; siehe Regel 16
	Kantenvorbereitung	Rauheit	15			• niedrige Rauheiten für die toleranzgerechte Positionierung anstreben • kein Zusatzmaterial notwendig • siehe Regel 18 für Supportvermeidung am L-PBF-Bauteil
	Stoßgestalt	Selbstzentrierung	16			• Selbstzentrierende Stoßgestalt durch Absätze vereinfacht Spannvorrichtungen • Toleranzausgleich auf möglichst wenig Raumrichtigungen beschränken • Toleranzen der Fertigungsverfahren beachten
		Stoßdicke	17			• bei filigranen Leichtbaustrukturen ausreichend Material am Schweißstoß vorsehen • Aufschmelzen der geometrischen Struktur vermeiden

Struktur			Nr.	ungünstig	günstig	Erklärung
Laseradditive Fertigung	Bauteilausrichtung	Supports	18			• geeignete Orientierung zur Vermeidung von Supports an der Schnittstelle • Hinweis: Diese Regel ist im Kontext weiterer Aspekte wie Wirtschaftlichkeit, allgemeine Baubarkeit etc. aus bestehenden L-PBF-Designrichtlinien abzuwägen
		Erodieren	19			• Trennen von der Bauplattform durch Drahterodieren erzeugt gerade Kanten. Diese können als präzise Schweißstöße dienen.
	Verzugsreduktion	Vorwärmtemperatur	20			• Erhöhung der Vorwärmtemperatur zur Reduzierung von Eigenspannungen • Reduktion der Fügespalte durch verringerten Bauteilverzug • Reduktion der Nahtporosität durch Pulvertrocknung
		Wärmebehandlung	21			• Wärmebehandlung zum Abbau von Eigenspannungen nutzen • Reduktion der Fügespalte durch verringerten Bauteilverzug • Vermeidung der Wärmebehandlung durch geeignete Vorwärmtemperatur prüfen; siehe Regel 20

Struktur		Nr.	Legende und allgemeine Hinweise
Legende		I	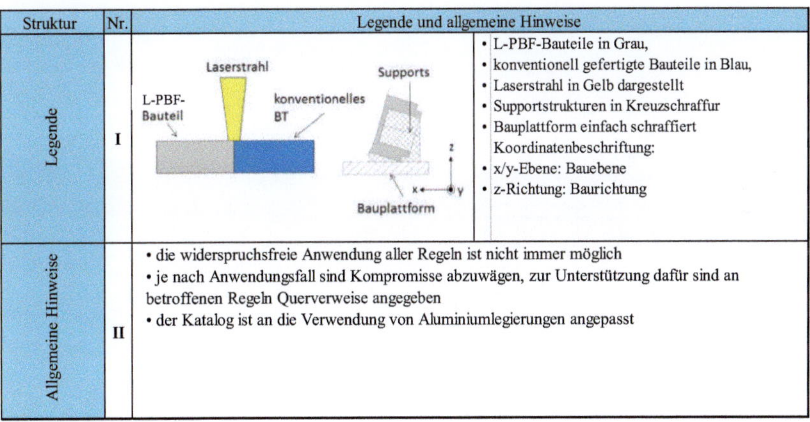 • L-PBF-Bauteile in Grau, • konventionell gefertigte Bauteile in Blau, • Laserstrahl in Gelb dargestellt • Supportstrukturen in Kreuzschraffur • Bauplattform einfach schraffiert Koordinatenbeschriftung: • x/y-Ebene: Bauebene • z-Richtung: Baurichtung
Allgemeine Hinweise		II	• die widerspruchsfreie Anwendung aller Regeln ist nicht immer möglich • je nach Anwendungsfall sind Kompromisse abzuwägen, zur Unterstützung dafür sind an betroffenen Regeln Querverweise angegeben • der Katalog ist an die Verwendung von Aluminiumlegierungen angepasst